国际精神分析协会《当代弗洛伊德：转折点与重要议题》系列

论弗洛伊德的《可终结与不可终结的分析》

On Freud's "Analysis Terminable and Interminable"

（英）约瑟夫·桑德勒（Joseph Sandler） 主编

丁瑞佳 林 瑶 译

全国百佳图书出版单位

化学工业出版社

·北京·

On Freud's "Analysis Terminable and Interminable" by Joseph Sandler
ISBN 9781855757592

北京市版权局著作权合同登记号：01-2020-7754

图书在版编目（CIP）数据

论弗洛伊德的《可终结与不可终结的分析》/（英）约瑟夫·桑德勒（Joseph Sandler）主编；丁瑞佳，林瑶译.—北京：化学工业出版社，2021.6（2022.10 重印）
（国际精神分析协会《当代弗洛伊德：转折点与重要议题》系列）
书名原文：On Freud's "Analysis Terminable and Interminable"
ISBN 978-7-122-38724-0

Ⅰ.①论… Ⅱ.①约… ②丁… ③林… Ⅲ.①弗洛伊德（Freud，Sigmmund 1856-1939）-精神分析-文集 Ⅳ.①B84-065

中国版本图书馆 CIP 数据核字（2021）第 046575 号

责任编辑：赵玉欣　王新辉　王　越　　　装帧设计：关　飞
责任校对：王素芹

出版发行：化学工业出版社（北京市东城区青年湖南街 13 号　邮政编码 100011）
印　　装：北京建宏印刷有限公司
710mm×1000mm　1/16　印张 11　字数 160 千字　2022 年 10 月北京第 1 版第 2 次印刷

购书咨询：010-64518888　　　售后服务：010-64518899
网　　址：http://www.cip.com.cn
凡购买本书，如有缺损质量问题，本社销售中心负责调换。

定　　价：59.80 元　

推荐序

在 2021 年开年之际，这套“国际精神分析协会《当代弗洛伊德：转折点与重要议题》系列第二辑”的中文译本即将出版，这实在是一个极好的新年礼物。

在说这套书的内容之前，我想先分享一点我个人学习精神分析理论过程中那种既困难又享受、既畏惧又被吸引的复杂和矛盾的体会。

第一点是与同行们共有的感觉：精神分析的文献和文章晦涩难懂，就如《论弗洛伊德的〈分析中的建构〉》的译者房超博士所感慨的那样：

在最初翻译《论弗洛伊德的〈分析中的建构〉》时，有种“题材过于宏大”的感觉，后现代的核心词汇“建构”又如何与“精神分析”联系在一起呢？整个翻译的过程，有种“上天入地”的感觉，关于哲学、历史和宗教，关于各种精神分析的专有名词，有些云山雾罩……

但也恰恰是透过精神分析内容的深奥，才能感受到其知识领域之宽广、思想之深刻、眼光之卓越，虽难懂却又让人欲罢不能。这就要求我们在阅读和学习的过程中需要怀有敬畏之心，甚至需要动用自己的全部心智和开放的心态。最终，或收获类似房超博士的体验：“但最后，当将所有的一切和分析的历程，和被分析者以及分析者的内在体验联系在一起的时候，一切都又变得那么真实、清晰和有连接感。”

我想说的第二点，是精神分析文献虽然晦涩难懂，但也可以让人“回味无穷”。正如《论弗洛伊德的〈哀伤与忧郁〉》的译者蒋文晖医生所言：

弗洛伊德的《哀伤与忧郁》是如此著名，如此经典，几乎没有一个学习精神分析的人不曾读过这篇文章。就像一百个人读《哈姆雷特》就有一百个哈姆雷特一样，我相信一百个人读《哀伤与忧郁》也会有一百种感悟、体会和理解。而就算是同一个人，每次读的时候又常常会有新的理解。所以在我翻译这本书的时候，既有很大的压力，但也充满了动力，就好像要去进行一场探险一样，因为不知道这次会发生什么……

这也引出了我想说的第三点，当我们不仅是阅读，而且要去翻译精神分析文献时，那就好比是专业上的一次攀岩过程，或是一场探险，在这个过程中，译者经历的是脑力、心智、专业知识储备和语言表述能力的多重挑战。 正如译者武江医生在翻译《论弗洛伊德的〈论潜意识〉》后的感言：

……拿到这本《论弗洛伊德的〈论潜意识〉》著作的翻译任务后，我的心情难免激动而忐忑。尽管经过多年的精神分析理论学习，对于弗洛伊德的《论潜意识》的基本内容已有大概了解，但随着我开始重新认真阅读这篇写于100年前的原文，我的心情却逐渐变得紧张而复杂。这篇文章既结合了客观的临床实践和观察，又充满主观上的天马行空的想象，行文风格既结构清晰和紧扣主题，又随性舒展和旁征博引。一方面我为弗洛伊德的大胆假设而拍案叫绝，另一方面又感到里面有些内容颇为晦涩难懂，需要从上下语境中反复推敲其真正含义。有时候，即使反复推敲，我还是经常碰到无法理解之处，甚至纠缠在某个晦涩的句子和字词的细节之中难以自拔，这使翻译陷入困境，进程变慢……后来我开始试着用精神分析的态度去翻译这部作品，即抱着均匀悬浮注意力，先无欲无忆地反复阅读这部作品，让自己不去特别关注某个看不懂的句子和词语，而只是全然投入到阅读过程中(倾听过程)，在逐渐能了解作品的主旨和中心思想后，那些具体语句和其之间的逻辑关系就变得逐渐清晰。

第四点，阅读精神分析文献和书籍，不仅会唤起我们对来访者的思考和理解，也会唤起我们对自己及人性与社会的思考。 阅读不仅有助于心理治疗与咨询的知识积累和技能提高，更能深化对生命与人性的态度和理解，这也是精神分析心理治疗师培训中所传达的内涵。 在这样的语境下，心理治疗中的患者不再仅仅是一个有心理困扰及精神症状的个体，同时也是在心理创伤下饱经沧桑却尽可能有尊严地活着的、有思想的、有灵魂的血肉之躯。

从这个意义上讲，心理治疗与咨询中真正的共情只能发生在直抵患者心灵深处之时，那就是当我们不仅仅作为治疗师，同时也作为一个人与患者的情感发生共振的时候。

在此，我想引用《论弗洛伊德的〈女性气质〉》的译者闪小春博士的感想：

翻译这本书对我而言，不仅是一份工作、一种学习，也是一场通往我的内心世界和自我身份之旅，虽然这是一本严肃的、晦涩难懂的专业书，但其中的部分章节却让我潸然泪下，也有一些部分激励我变得坚定。对我个人而言，最有挑战的部分在于，如何思考和践行“作为一个自由、独立和有欲望的人（不仅是女人）”——不仅是在我的个人生活中，也在我的临床工作中。

最后说的第五点体会是，尽管这门学科博大精深，永远都有学不完的知识，精神分析师的训练和资质获得也很不容易，但这不应该成为精神分析心理治疗师盲目骄傲或过分自恋的资本。心理治疗师的学习和实践过程也是一个在可终结与不可终结之间不断探索和寻求平衡的过程。“学海无涯”不一定要“苦作舟”，也可以“趣作舟”，当然“勤为径”也是必不可少的要素。当一个人把自己的职业当作事业来做时，大概就可以认为是接近“心存高远”的境界了吧。

下面就弗洛伊德五篇文章及五本书的导论做一个读后感式的总结。

第一部：《论弗洛伊德的〈哀伤与忧郁〉》

导论作者马丁·S. 伯格曼（Martin S. Bergmann）认为，这篇文章是弗洛伊德最杰出的作品之一，他称赞道：“不断地比较正常的和病理性的事物是弗洛伊德的伟大天赋之一，这种天赋也在很大程度上使‘弗洛伊德’成为二十世纪不朽的名字之一。”我对弗洛伊德这篇文章中印象最深刻的一句话是：“在哀伤中，世界变得贫瘠和空洞（poor and empty）；在忧郁中，自我本身变得贫瘠和空洞。”想到 100 多年前弗洛伊德就对抑郁有了如此深入的解读，就再一次感到这位巨匠的了不起。导论作者对本书的每一章都做了总结，归纳如下三点：

一是将对弗洛伊德思想持不同观点的分析师们划分为异议派、修正派及扩展派。这部论文集的作者来自七个国家，他/她们多数受修正派克莱茵的影响（但导论作者又认为最好把她看作扩展者）。他强调，“享受阅读本书的先决条件是对当前IPA内部观点的多样性持积极的态度”。

二是谈及《哀伤与忧郁》，就必然要涉及弗洛伊德另外一篇著名的文章《论自恋》，前者是对后者的延伸，被看作是弗洛伊德从所谓的驱力理论到客体关系理论的立场转变。

三是哀伤的能力是我们所有人都必须具备的一种能力。进一步而言，“哀伤过程有两个主要目的，一是为了修通爱的客体的丧失，二是为了摆脱一个内在的、迫害性的、自我毁灭性的客体，这个客体反对快乐和生命”。

第二部：《论弗洛伊德的〈论潜意识〉》

导论作者萨尔曼·艾克塔（Salman Akhtar）认为，弗洛伊德的《论潜意识》这篇文章涵盖了“个体发生、临床观察、语言学、神经生理学、空间隐喻、通过原初幻想来显示的种系发生图式、思维的本质、潜在的情感”等非常广阔的领域，并且与他的另外四篇文章（指《本能及其变迁》《压抑》《关于梦理论的一个元心理学补充》《哀伤与忧郁》）一起，做到了弗洛伊德自己希望达成的“阐明和深化精神分析的系统”。

导论作者从弗洛伊德的这篇文章中提炼出了12个命题，“以说明它们是如何被推崇、被修饰、被废弃，或被忽视的”。他在导论的结束语中对本书做了简短的概括和总结，并给予了高度评价。对于这本书的介绍，我想不出还有比直接推荐读者先看艾克塔博士的导论更为合适的选择，特别是他做出的12个命题的归纳和总结，我认为是精华中的精华。相信读者在阅读这本书时会首先被他的导论吸引，因为导论本身已经可以被视为一篇独立的、富有真知灼见的文章了。

我个人特别喜欢弗洛伊德对潜意识做出的非常生动的比喻：“潜意识的内容可比作心灵中的土著居民。如果人类心灵中存在着遗传而来的心灵内容——类似于动物本能——那它们构成了Ucs.的核心。”

第三部：《论弗洛伊德的〈可终结与不可终结的分析〉》

这篇文章写自弗洛伊德的晚年（发表于1937年），也是相对不那么晦涩难懂的一篇文章。“可终结与不可终结的分析”这样的命题本身就让人联想到永恒与无限的话题，同时也自然而然地想到我们自己接受精神分析时的体验以及我们的来访者。导论作者认为“这篇阐述具体治疗技术的论文实质上是一篇高度元心理学的论文”，这让我联想到关于精神分析师的工作态度的议题。读了弗洛伊德的原文和三位作者写的导论，并参考译者林瑶博士的总结之后，归纳以下几点：

（1）精神分析对以创伤为主导的个案能够发挥有效的疗愈作用，而阻碍精神分析治疗的因素是本能的先天性强度、创伤的严重性，以及自我被扭曲和抑制的程度。也就是说，这三个因素决定了精神分析的疗效。

（2）精神分析治疗起效需要足够的时间。弗洛伊德列举了两个他自己20年前和30年前的案例来说明这个观点，他指出：“如果我们希望让分析治疗能达到这些严苛的要求，缩短分析时长将不会是我们要选择的道路。”

（3）精神分析的疗效不仅与患者的自我有关，还取决于精神分析师的个性。弗洛伊德提出，由于精神分析工作的特殊性，“作为分析师资格的一部分，期望分析师具有很高的心理正常度和正确性是合理的”。虽然他提出的分析师都应该每五年做一次自我分析的建议恐怕没有多少人能做到，但精神分析师需要遵从的工作原则就如弗洛伊德所说：“我们绝不能忘记，分析关系是建立在对真理的热爱（对现实的认识）的基础之上的，它拒绝任何形式的虚假或欺骗。”导论作者认为，弗洛伊德在这篇文章中对精神分析中不可逾越的障碍提出了清晰的见解，“这些障碍并非出于技术的限制，而是出于人性”。

第四部：《论弗洛伊德的〈女性气质〉》

我在通读了一遍闪小春博士翻译的弗洛伊德的《女性气质》及导论之后，有一种感触颇多却无从写起的感觉。当我看了导论中总结的弗洛伊德文章中提出的富有广泛争议的几个议题后，便自然地推测这本书应该是集结了精神分析领域关于女性气质研究的最广泛和最深刻的洞见与观点。导论的作者之一利蒂西娅·格洛瑟·菲奥里尼（Leticia G. Fiorini）是IPA系列出版丛书的主编，她在《解构女性：精神分析、性别和复杂性理论》（*Deconstructing the Feminine: Psychoanalysis, Gender and Theories of Complexity*）一书中，有一段这样的描述：“人们所属的性别是由母亲的凝视和她们所提供的镜像认同支撑的，而这些则为人们提供了一种有关女性认同或男性认同的核心想象。”

关于女性气质的论述让我自然地联想到中国文化中男尊女卑的观念对中

国女性身份认同的影响，我想这远比弗洛伊德提出的女性的“阴茎嫉羡”要严重得多。虽然如今中国女性已经获得了更高的家庭和社会地位及话语权，但在我们的心理治疗案例中，受男尊女卑观念伤害的中国女性来访者仍然比比皆是。我想译者闪小春博士对本书作者观点所作的总结也应该是中国女性的希望所在：“女孩三角情境的终极心理现实不是阴茎嫉羡而是忠诚和关系的平衡问题……在女性气质和男性气质形成之前的生命之初，有一个非性和无性的维度，即人性的维度……当今，女人不再被视为仅仅是知识和欲望的客体，是‘另一性别’，是‘他者’；她也可以成为自己，可以超越二分法的限制，从一个自由的位置出发，根据自己的需要创造性地选择爱情、工作、娱乐、家庭和是否成为母亲。”

第五部：《论弗洛伊德的〈分析中的建构〉》

这篇文章也是弗洛伊德的晚年之作，是对精神分析治疗本质的一个定性和论述，大家所熟知的弗洛伊德将精神分析的治疗过程比喻为考古学家的工作就是出自这篇文章。但在这篇文章中，他也强调了精神分析不同于考古学家的工作：①我们在分析中经常遇到的重现情形，在考古工作中却是极其罕见的……建构仅仅取决于我们能否用分析技术把隐藏的东西带到光明的地方；②对于考古学家来说，重建是他竭尽努力的目标和结果，然而对于分析师来说，建构仅仅是工作的开始。接着，他又借用了盖房子的比喻，指出虽然建构是一项初步的工作，但并不像是盖房子那样必须先有门窗，再有室内的装饰。在精神分析的情景里，有两种方式交替进行，即分析师完成一个建构后会传递给被分析者，以便引发被分析者源源不断的新材料，然后分析师以相同的方式做更深的建构。这种循环以交替的方式不断进行，直到分析结束。

在文章的最后，弗洛伊德将妄想与精神分析的建构做了类比，“我还是无法抗拒类比的诱惑。病人的妄想于我而言，就等同于分析治疗过程中所做的建构……我们的建构之所以有效，是因为它恢复了被丢失的经验的片段；妄想之所以有令人信服的力量，也要归功于它在被否定的现实中加入了历史的真相”。

这本书导论的作者乔治·卡内斯特里（Jorge Canestri）也是一位多次来我国做学术交流和培训的资深精神分析师。他对本书的每一个章节都做了精练的概括和总结，给读者提供了很好的阅读索引。

这套书中文译版初稿完成恰逢IPA在中国大陆的分支学术组织——IPA中国学组（IPA Study Group of China）被批准成立之时（2020年12月30日IPA网站发布官宣）。从2007年IPA中国联盟中心（IPA China Allied Center）成立，到2008年秋季第一批IPA候选人培训开始，再到2010年IPA首届亚洲大会在北京召开、中国心理卫生协会旗下的精神分析专委会成立，我们感受到两代精神分析人的不懈努力。非常感谢IPA中国委员会（IPA China Committee）和IPA新团体委员会（International New Group Committee）对中国精神分析发展的长期支持，以及国内精神分析领域同道们的共同努力。

当然，能使这套书问世的直接贡献者是八位译者和出版社，除了我上面提及的房超、蒋文晖、武江、闪小春、林瑶外，译者还有杨琴、王兰兰和丁瑞佳，他/她们都是正在接受培训的IPA会员候选人，也是中国精神分析事业发展的中坚力量。我在撰写这篇序言前，邀请每本书的译者写了简短的翻译有感，然后节选了其中的精华编辑在了序言的前半部分。

在将要结束这篇序言时，我意识到去年此时正是新冠肺炎疫情最严峻的日子，心中不免涌起一阵悲壮和感慨。我们生活在一个瞬息万变的时代，人类在大自然中的生存和发展早有定律，唯有保持对大自然的敬畏之心和努力善待我们周围的人与环境才是本真，而达成这一愿望的路径之一就是用我们的所学所用去帮助那些需要帮助的人们。相信这套书会为学习和实践精神分析心理治疗的同道们带来对人性、对精神分析理论与技术的新视角和新启发，从而惠及我们的来访者。

杨蕴萍，2021年1月23日于海南
首都医科大学附属北京安定医院主任医师、教授
国际精神分析协会（IPA）认证精神分析师
IPA中国学组(IPA Study Group of china)

国际精神分析协会出版委员会第二辑[1]出版说明

国际精神分析协会出版物委员会（The Publications Committee of the International Psychoanalytical Association）已决定继续编辑和出版《当代弗洛伊德：转折点与重要议题》（*Contemporary Freud*）系列丛书，该丛书第一辑完结于2001年。这套重要的系列丛书由罗伯特·沃勒斯坦（Robert Wallerstein）创立，由约瑟夫·桑德勒（Joseph Sandler）、埃塞尔·S. 珀森（Ethel Spector Person）和彼得·冯纳吉（Peter Fonagy）首次编辑，它的重要贡献引起了各流派精神分析师的极大兴趣。因此，在重启《当代弗洛伊德：转折点与重要议题》系列之际，我们非常高兴地邀请埃塞尔·S. 珀森为丛书第二辑作序。

本系列丛书的目的是要从现在和当代的视角来探讨弗洛伊德的作品。一方面，这意味着突出其作品的重要贡献——它们构成了精神分析理论和实践的坐标轴；另一方面，这也意味着我们有机会去认识和传播当代精神分析学家对弗洛伊德作品的看法，这些看法既有对它们的认同，也有批判和反驳。

本系列至少考虑了两条发展路线：一是对弗洛伊德著作的当代解读，重新回顾他的贡献；二是从当代的解读中澄清其作品中的逻辑观点和理论视角。

弗洛伊德的理论已经发展出很多分支，这带来了理论、技术和临床工作

---

[1] 《当代弗洛伊德：转折点与重要议题》（第二辑）简称“第二辑”。——编者注。

的多元化，这些方面都需要更多的讨论和研究。为了在日益繁杂的理论体系中兼顾趋同和异化的观点，有必要避免一种“舒适和谐”的状态，即不加批判地允许各种不同的理念混杂在一起。

因此，这项工作涉及一项额外的任务——邀请来自不同地区的精神分析学家，从不同的理论立场出发，使其能够充分表达他们的各种观点。这也意味着读者要付出额外的努力去识别和区分不同理论概念之间的关系，甚或是矛盾之处，这也是每位读者需要完成的功课。

能够聆听不同的理论观点，也是我们锻炼临床工作中倾听能力的一种方式。这意味着，在倾听中应该营造一个开放的自由空间，这个空间能够让我们听到新的和原创性的东西。

由于第三十五届国际精神分析（IPA）大会的主题是“可终结与不可终结的分析：五十年以后”（*Analysis Terminable and Interminable: Fifty Years Later*），出版委员会选择了弗洛伊德 1937 年的经典文献作为该新系列第一册的主题。该文的较早版本是以平装本出版，并于 1987 年在蒙特利尔市（Montreal）IPA 大会上分发给会员。第一版的出版很仓促，因为留给编辑和翻译的时间有限。这一册采用的是耶鲁大学出版社的版本，是更为全面的编辑版本，是在原始讨论的基础上进行了略微修订。

我要感谢 IPA 出版委员会现任主席埃塞尔·S. 珀森（Ethel S. Person），以及两位副主席彼得·冯纳吉（Peter Fonagy）和艾班·哈格林（Aiban Hagelin）所提供的前期准备和编辑方面的帮助。还要特别感谢林恩·迈克洛瑞（Lynne Mcllroy）在协调国际通信和许可方面的协助；感谢多丽丝·帕克（Doris Parker），她负责核对英文参考文献，感谢简·佩蒂特（Jane Pettit）在校对和检查文本方面所做的宝贵工作。我还要感谢耶鲁大学出版社的格莱迪斯·托普金斯（Gladys Topkis）和辛西娅·威尔斯（Cynthia Wells），他们在整理本书过程中表现出的毅力和缜密。

利蒂西娅·格洛瑟·菲奥里尼（Leticia Glocer Fiorini）
约瑟夫·桑德勒(Joseph Sandler)

目录

导论

约瑟夫·桑德勒（Joseph Sandler）[1]

埃塞尔·S. 珀森（Ethel Spector Person）[2]

彼得·冯纳吉（Peter Fonagy）[3]

---

[1] 约瑟夫·桑德勒：英国伦敦大学弗洛伊德精神分析学纪念教授、精神分析学部主任、英国精神分析学会的培训和督导分析师、国际精神分析协会主席。

[2] 埃塞尔·S. 珀森：美国哥伦比亚大学精神分析培训与研究中心主任、培训与督导分析师，哥伦比亚大学外科医师学院临床精神病学教授。她也是国际精神分析协会出版委员会主席。

[3] 彼得·冯纳吉：英国伦敦大学心理学高级讲师；汉普斯特德安娜·弗洛伊德中心研究项目协调员；在伦敦大学学院被授予弗洛伊德纪念教授；英国精神分析学会的成员、国际精神分析协会副秘书。

安德烈·格林（André Green）在本卷中写道:《可终结与不可终结的分析》一文“可以被看作是三联画中的一幅，但如果把它作为一整体，那它就是弗洛伊德的遗嘱”。这篇文章是弗洛伊德的临床遗产，它准确地总结了弗洛伊德对于精神分析作为一项治疗技术的潜力和局限的认识。

由于技术理论必然与精神分析理论相关，所以不同的理论侧重点使得分析师倾向于特定的治疗立场。因此，对精神分析技术和技术的基础理论一直在不断地进行细微的修改。除了（相对于）对过去的重建，当前的研究领域侧重于对“此时此地”的解释性移情、洞察力在变化中的作用、治疗行为的性质，以及“治疗联盟”等方面的重要性。由于病人和分析师的个人特质会影响到治疗效果，越来越多的注意力也放到了他们的个人特质（包括他们的局限性）上。

以上提到的很多核心问题都已经在《可终结与不可终结的分析》一文中被清楚地描述了，或至少被预见了。尽管很多人认为这篇论文的语气很悲观，但它也可能因其真实性而受到赞扬，因为它很冷静地来探究为什么治疗结果的实际情况总是与理想不符合。正是在这篇论文中，弗洛伊德将精神分析指定为“不可能”的职业（大多数精神分析师似乎自豪地同意这一论断），而且在这篇文章中他打算说明为什么会这样。

弗洛伊德彻底地阐述了，想要完成一个完整的分析和到达一个理想的终点的限制和障碍。他讨论了精神分析在形式上的特征及其最终结果。他承认缩短分析性治疗的期限具有吸引力，并提出这样的缩短是否有可能——甚至接受了设定一个终止日期的“英勇举措”，尽管他得出的结论认为，采取这种措施的后果似乎会给病人的整体分析带来限制。在最开心的情况下，治疗的终止伴随着症状的消失，以及病人的焦虑和抑制行为的完全缓解。在理想的情况下，就像接种疫苗一样，分析也可以在一定程度上预防疾病的复发或新冲突的出现。但是，正如弗洛伊德所暗示的，达到这种“常态”只是一种虚构，常态只是一个统计学的概念。

弗洛伊德以非常系统的方式讨论了分析的限制，并认为治疗结果最终会受到以下因素的限制：①病人先天决定的驱力的强度；②婴儿时期创伤的严重性；③因防御而导致的自我的扭曲程度。他认为，人的驱力强度是先天给予的，但可能会在生命的不同阶段得到加强或者有所改变。这些纯定量的因素会影响到精神分析帮助成年自我解决无意识冲突的能力，因为精神分析治疗就是试图由较成熟的自我通过与婴儿时期的本能冲突对峙来改变婴儿时期的压抑状态。但是，后两个因素，即婴儿时期创伤的严重性和自我的扭曲程度，也可能对分析所能取得的成效带来严重的限制。自我必定会因其防御性行为的作用而被扭曲，哪怕它们可能会很有效率，也很具适应性。此外，先天决定的以及由防御所派生的自我扭曲会加剧精神分析过程中阻抗的强度。

一些病人的“力比多黏滞性”（stickiness of the libido）、对他人力比多投注的过度不稳定，以及另一些病人通常的心理僵化，都是严重妨碍良好分析结果出现的条件。这并非详尽列表。弗洛伊德还指出了阻碍理想分析的其他因素。在他看来，广泛的受虐倾向、消极的治疗反应，以及许多神经症病人所报告的罪恶感，都是死本能的衍生品——“准确无误的指标”。有些病人甚至可能会抗拒康复本身。

死本能的衍生品和力比多驱力之间存在着复杂的平衡。弗洛伊德认为，这些力量之间的冲突是阻抗的根源，并由此对治疗产生了限制。弗洛伊德认为，自由的攻击性可能会导致心理冲突倾向，并且作为证据，他对比了一些患者，他们身上表现出一种在潜意识中追求同性恋和异性恋的不可兼容的张力，而在另一些患者（双性恋）身上，这些追求同时存在却没有任何问题。在这些讨论中，弗洛伊德不仅关注技术问题，也关注本能和自我的本质。这篇阐述具体治疗技术的论文实质上是一篇高度元心理学的论文。

弗洛伊德同时补充到，分析师的素质和技能本身对分析结果至关重要。尽管在理想情况下，分析师应该在完成个人体验后继续进行他的自我分析，但通常情况下，分析师都防御得很好，以至于他们无法进行有效的自我分析。因此，弗洛伊德建议，或许每隔五年就对分析师重新进行一次分析，这无疑使得分析师自己的分析就是不可终结的。

弗洛伊德总结到，尽管分析可能是没有完成的，但它必定会不可避免地到达一个自然的或实际的终点。即使理想没有实现，分析结束后情况通常也会很顺利。作为这场讨论的结尾，弗洛伊德构想出了分析中阻抗的基石：因为女性无法放弃对阴茎的嫉妒，而男性无法放弃在其他男人面前被动的或女性化的愿望。

鉴于当今普遍的分析（尽管是基于对精神分析的泛化理解和更长的治疗时间）与弗洛伊德时代的分析同样具有不确定结果，弗洛伊德的这篇论文至少应该被认为是——它对完成一个分析所会遇到的一些不可逾越的障碍提出了清晰的见解，这些障碍并非出于技术的限制，而是出于人性。我们的评论员都是杰出的老师和临床医生，他们从多种角度对弗洛伊德的论文进行了讨论。他们将其置于历史的视野中，讨论弗洛伊德在撰写本文时所关注的理论和技术问题。他们将弗洛伊德的见解和观察限制在该时期的主要理论问题和当代的关注点中。特别令人感兴趣的是，每位评论员的理论关注点都略有不同。

雅各布·阿洛（Jacob Arlow）强调，因为任何技术的理论都必然和一个特定的病理过程的概念相关联，所以有一个连贯一致的概念模型至关重要，并以此来展开他的讨论。他观察到，在弗洛伊德关于技术总结的论文《可终结与不可终结的分析》中，弗洛伊德在他早期的地形学模型和后来的结构模型之间摇摆。阿洛认为，因为弗洛伊德很难放弃地形学模型的观点，所以他过分强调了恢复记忆对于疗愈的作用，并只专注于对压抑的解除。以这个观点为出发点，阿洛解释了技术是如何在当下自我心理学的结构性框架内被理解的。他阐述了从结构模型看待移情方式的差异，并认为临床解释的多样性（与弗洛伊德引用元心理学的解释相反）可以解释那些分析难以完成的限制。他提到，在分析的终止阶段，丰富多样的移情幻想是很常见的。他得出结论认为，对神经症进行预防性的免疫接种这种想法本身就是一个神奇的幻想，并认为那些认同冲突观点的分析师可能比其他分析师更能对分析结果持有现实看法。

哈拉尔德·勒波尔德·洛温塔尔（Harald Leupold-Löwenthal）的那一章节最初是用德语撰写的，它是一项重要的历史贡献。它以极富学术性的方式对待《可终结与不可终结的分析》，它帮助我们了解了弗洛伊德这篇文章巨大的理论影响，它不仅仅是对分析治疗结果的具体评估。勒波尔德·洛温塔尔借鉴了弗洛伊德著作的全部内容以及该领域其他人的相关评论，讨论了弗洛伊德对自我发展的处理以及他对死本能的信念。最重要的是，他考虑了弗洛伊德关于分析师针对自己的分析必须持续更新这一论断的含义。

戴维·齐默尔曼（David Zimmermann）和 A. L. 本托·莫斯塔迪罗（A. L. Bento Mostardeiro）在他们对《可终结与不可终结的分析》一文的详尽注解中，描述了弗洛伊德在撰写本论文过程中其专业和私人境况，讨论了该文所处理的基本的治疗问题，并对该文中核心的分议题进行了深入的分析，包括对可终止性的评估、自我结构变化的根源，以及分析师对女性气质的否定。

特图·埃斯凯林·德福尔奇（Terttu Eskelinen de Folch）首先提议，感谢分析技术的新发展，使得我们现在得以对过去我们无法接触到的患者实施分析疗法。在承认我们仍然面临着弗洛伊德提到的想要完成分析所会遇到的限制的基础上，她提出了一些新的解释。她尤其专注于她所称为的“人格隐藏的内核”（concealed nuclei of the personality），这在某些患者中可能会导致难以识别和面对由仇恨和嫉妒带来的破坏性冲动。德福尔奇认为，和某些分析师的预期相反，这些内核确实会出现在患者与分析师客体关系的移情中，并且她提供了一些临床材料来支持这一观点。当分析师处理分裂和投射性认同的问题时，她运用梅兰妮·克莱茵（Melanie Klein）投射性认同的概念和关于偏执分裂位的理论来讨论所涉及的技术问题。在阐明这些问题时，她借鉴了死本能和强迫性重复的理论。这一章是从最初的西班牙语版本翻译而来的。

像阿洛一样，阿诺德·库珀（Arnold Cooper）也强调了自我心理学和地形学模型理论在《可终结与不可终结的分析》一文中的摇摆不定，但他的观察与阿洛的表述不同。他认为，自弗洛伊德时代以来，我们对“驯服本能”（instinct tamping）这一概念的观念已经发生了巨大变化，当代的关注点已经转向了人际间和客体关系的视角。正如他所说，“在对很小的婴儿进行研究的单元是母婴配对，而不是单独的婴儿”。在这种观点下，人们无法量化本能，“因为任何先天的因素总是，并且立即，与看护者的行为发生互动”。库珀对这个问题的解决方案，是假定张力是由烦躁的情绪而不是本能引起的。类似地，他提出，我们目前对治疗的许多思考都来自史崔齐（Strachey）的论文，他认为，治愈的真正推动力不是解除压抑，而是患者对分析师某些方面的内化。在这里，库珀再次关注客体表征的心理结构。总的来说，他认为弗洛伊德过多地依赖于元心理学，而过少地依赖临床理论，以至于他错误地将生物学（对女性气质的否定）作为完成一个完整的治疗结果所不可克服的障碍。最后，库珀讨论了叙事的重建和与技术问题相关的诠释学的观点。使用这种模型，他发现自己与弗洛伊德一致认为分析过程是不可终结的，但与弗洛伊德的解释不同，他认为这是出于“人类的人格不断地在重建它本身”的原因。

弗洛伊德论文中本能的作用是安德烈·格林（André Green）这一章的主题，这一章翻译自法语。他讨论了在各个分析流派中本能的概念被否认或被修改的方式。他认为，弗洛伊德的某些思想对于当今的精神分析界来说太形而上了。然而，在与弗洛伊德基本一致的基础上，他总结道：“这些假设似乎仅仅只是通过对最琐碎的存在进行观察（observation of the most trivial facts of existence）而得来的一些概括。这一点被弗洛伊德在其论文中用来当证据的例子证明了。这些都无不指向将人类联系在一起的最常见的关系。那些蔑视这些推测的人要小心，不要以同样的或更高的解释能力来要求他人。”对弗洛伊德的文本分析揭示了“一个重要的转折，在我们看来，客体（通过它与爱本能明确的关联）被赋予了更重要的地位（与较早的本能理论相比）”。对于格林来说，客体是揭示出本能的代理人，这是他通过审慎的理论推理得出的结论。他以此为契机，在本能和语言之间建立起一条发展路线。

在最后从西班牙语翻译过来的评论中，罗森菲尔德（Rosenfeld）通过在四个人（一个主持人和三个学生）之间进行的虚构对话，探讨了由弗洛伊德的论文所激发出来的思想。在这三个学生中，每个人都代表了一个不同的关于学习的模式或阶段。这个虚构对话的第一个特征是致力于寻求一个稳定的理论，另一个特征是面对未知具有谦卑的能力，第三个特征是它传达了一种新的途径。这种方式使得罗森菲尔德能够展示弗洛伊德的某些思想，以及后来由海因茨·哈特曼（Heinz Hartmann）、安娜·弗洛伊德（Anna

Freud）和哈罗德·布鲁姆（Harold Blum）所带来的新发展之间的联系。总而言之，他对这个议题的讨论非常广泛，他还讨论了文化对于分析情境和理论的影响，还呼吁在针对理论的修改上具有更大的开放性和足够的灵活性。本卷汇聚了对弗洛伊德观点以及当代人对于分析之成功和限制的各种观点的讨论，这些讨论有时候相互矛盾但总是给人以启发。对本卷而言，这一章是一个具有吸引力且恰当的结尾。

第一部分

《可终结与不可终结的分析》

（1937）

西格蒙德·弗洛伊德（Sigmund Freud）

I

经验已经告诉我们，精神分析治疗（将人从神经症症状、压抑和性格异常中解放出来）是一项耗时的工作。因此，从一开始人们就尝试缩短分析的时长。这种努力无可厚非，可以被称为是基于理性和权宜之计的最佳考量。但这种做法很可能还是留下了一些急躁和轻蔑的意味，以至于早期的医学界认为神经症只是一种由看不见的损伤所造成的后果，没有必要进行治疗。如果现在非要处理它们的话，人们就只想要尽快地解决掉它们。

在这一点上，奥托·兰克（Otto Rank）在他的著作《出生创伤》（*The Trauma of Birth*，1924）中做了一次特别大胆的尝试。他认为神经症的真正根源是出生这一行为，因为它有可能导致孩子对其母亲的“原初固着”（primal fixation）没有被超越和克服，而是以“原初压抑”（primal repression）的形式继续存在。兰克的期望是，如果这一原发性的创伤可以通过日后的分析来进行处理，那么整个神经症的症状就会消除。这样，完成这一小部分的分析工作将会节省掉其他的所有工作，并且数个月的时间就足以完成。不可否认，兰克的思路是大胆而巧妙的，但它没有经受严格审查的考验。此外，兰克的这项尝试也是时代的产物。他的构想是在当时欧洲战后的悲惨和美国的“繁荣”[1]（prosperity）之间形成反差的压力下构想出来的，其本身就是为了让精神分析疗法的节奏适应匆忙的美国社会生活而存在的。我们对于兰克关于疾病治疗的应用成果知之甚少。兰克的这种想法可能类似

[1] 在原文中是英文。

于：消防大队被叫去处理一起因倾倒的油灯而引起的火灾，但消防员仅仅把油灯从已经着火的房屋中拿出来就对自己的工作表示满意了，兰克所做的工作大概不会比这更多。但也不可否认，移除油灯的确有可能会大大减少消防队的工作量。兰克的理论和实践现在都已经是过去式了——和美国的"繁荣"❶一样。

我自己早在第二次世界大战以前就采取了另外一种加速精神分析治疗的方法。当时，我接管了一个来自俄罗斯的个案。这是一位被钱财宠坏了的年轻男子，他以一种完全无助的状态来到维也纳，由一名私人医生和一名护士陪同❷。在进行了几年的分析之后，我本来有可能使他恢复大部分的独立性，唤醒他对生活的兴趣，并改善他和重要他人的关系。然而这时，分析进程中断了。在清除他童年神经症的过程中，我们无法取得进一步的进展，而这种神经症也是他之后疾病的根基；而且很明显，患者觉得他目前所处的状态非常舒适，他并不希望进一步采取任何措施使得自己接近治疗的终点。这正是治疗自我抑制的一个案例：由于治疗（部分）的成功，让其有了失败的危险。在这种困境中，我采取了为治疗设定一个时间期限的"英勇举措"❸。在一年分析工作开始的时候，我告诉患者，无论他在剩下的时间里取得了什么样的进步，来年都将是他治疗的最后一年。起初他并不相信我，但是一旦当他确信我是非常认真的，预期的改变就发生了。他的阻抗减弱了，在他治疗的最后几个月里，他能够重现所有的记忆，并且能够发现事件之间的各种联系，这些联系对于理解他早期神经症和掌控他目前的神经症症状都是必要的。当他在 1914 年仲夏离开时，像我们其他人一样，对近在咫尺的未来毫不怀疑，我相信他的治愈是彻底且持久的。

在该患者病历的脚注（1923 年）中，我报告过我想错了。战争即将结

---

❶ 这是在美国发生重大金融危机后不久写的。弗洛伊德在《抑制、症状与焦虑》（*Inhibitions, Symptoms and Anxiety*，1926d）中对兰克的理论进行了审慎的批评。参见标准版（*Standard Ed.*）第 20 卷，第 135～136 页和第 150～153 页。

❷ 请参阅我的论文：《孩童期神经症案例病史》（*From the History of an Infantile Neurosis*，1918b），该论文的发表取得了患者的同意。这篇论文没有详细地介绍这位年轻人在成年时期的症状，只有当这些症状与他婴儿时期的神经症具有必然联系时，才需要提到。

❸ 标准版（Standard Ed.），第 17 卷，第 10～11 页。

束之际，当他作为一个贫困潦倒的难民回到维也纳时，我只好帮助他处理一部分尚未解决的移情。这项工作在几个月内就完成了，我在脚注的结尾处声明："自此开始，尽管战争夺去了他的房屋、财产和他所有的家庭关系，但患者感觉正常并且举止毫无异常。"自那以后十五年过去了，这一判断并没有被证明是一个谎言，但很有必要加上一些限定的说明。这位患者留在了维也纳，尽管只是一个卑微的小角色，但也在社会上立足并拥有一席之地。但是，在这期间，他良好的健康状态被数次的疾病发作所中断，而这些疾病只能解释为，是他多年以来的神经症的衍生物。得益于我的一位学生露丝·麦克·布伦瑞克博士（Dr. Ruth Mack Brunswick）的精湛技术，这位患者每次在她那接受了短暂治疗后，这些病症就消失了。我希望露丝·麦克·布伦瑞克博士会在近期亲自汇报这个案例❶。这位患者的病症，有一些仍然和未处理的移情有关，尽管只是短暂出现，但是有很明显的偏执特征。此外，还有一些致病因素来自于他童年早期的历史碎片。这些历史碎片在我当时对他进行分析的时候没有显现出来，而现在被遗留了下来，我不可避免地联想到这就好似手术后遗留下来的缝合线，或者坏死的骨头碎片。我发现，这个患者的康复史比他的疾病史更令人感兴趣。

随后，我把这种设定时间期限的方法也运用到了其他个案中，并且我也考虑了其他分析师的经验。对于这种"勒索"性质的举措的效果仅有一个判断：只要找到合适的时机，它就很有效。但是它不能保证完全地完成任务。相反，我们可以肯定的是，尽管部分材料在受到威胁的压力下会显现出来得以进行分析，但也会有另外一部分材料退缩到后面，一如既往地被深埋下去，这就失去了治疗的作用。一旦分析师设定了治疗的期限，就不能再延期，否则这会让患者失去对他的信任。而对患者来说，最明显的出路就是去另一个分析师那里继续接受治疗。尽管我们知道这样的改变意味着新的时间损失和放弃已经取得的工作成果。并且，也不存在一个通用的规则来规定什么时候才是实施这一强迫性技术举措的最好时机，这个决定全凭分析师的个人智慧。一旦判断错误就无法弥补。"狮子只能起跳一次"的说法必须适用

❶ 实际上她早在几年前就已经作过报告了（Brunswick，1928）。关于这个个案之后经历的更多的信息，可参见修订后的脚注（*Standard Ed*，17，122）。

于此。

II

如何加快缓慢的分析进程，对这一技术问题的讨论，把我们引向了另外一个更深层次的问题：分析工作是否存在一个自然而然的终点呢？我们是否有可能把分析工作带到这样的一个终点呢？倘若用分析师惯常的说法来判断，分析似乎是有终点的，因为当他们对某些同行公认的不足表示遗憾或者谅解的时候，他们经常会说："他的分析尚未结束""他的分析远没有到达终点"。

首先，我们必须确定，"分析的终点"（the end of an analysis）这个模棱两可的短语的含义是什么。从实践的角度来说，这很容易回答。当分析师和患者停止见面进行分析性会谈的时候，分析就终止了。当两个条件大致满足时，就会发生这种情况：第一，患者将不再遭受症状的困扰，并且克服了焦虑和抑制；第二，分析师判断曾经被压抑的足够多的心理内容已经被患者所意识到，足够多的难以理解的材料已经得到了澄清，足够多的内在阻抗已经被消除，以至于无需再害怕病理过程的反复出现。如果由于外部困难而无法实现这一目标，那么最好说这是一个不完全（incomplete）的分析，而不是说这是一个未结束（unfinished）的分析。

"分析的终点"的另外一种含义更具有野心。从这个意义上讲，我们要问的是：分析师是否对患者已经产生了如此深远的影响，以至于哪怕他继续进行分析，也不会再获得更进一步的改变。这仿佛是说，我们可以通过分析达到一个绝对的心理正常的水平——并有信心在这个水平上保持自己状态的稳定，又或者，这似乎是说我们已经成功地接解除了患者的每一处压抑，并填补了他记忆中的所有空缺。我们可以根据经验先问一下自己，看看这种情况是否会真实发生，然后再转向我们的理论，来探究一下这些情况的发生是否具有任何的可能性。

每个分析师都处理过一些获得了满意的治疗结果的案例。分析师成功地解除了患者的神经症症状，并且这些症状既没有复发，也没有衍生出一些其他的症状。到底是哪些因素导致了这样的成功，对此我们也并非一无所知。患者的自我并没有明显的改变❶，这些症状的病因基本上都是创伤性的。但所有神经症障碍的成因终究是混杂的。这很难说是因为本能过分强大——难以被自我所驯服（taming❷）——还是因为早期（成熟之前）创伤的影响，也就是说，尚未成熟的自我不足以掌控这些本能。通常，这都是由原发性因素和偶然性因素共同造成的。原发性因素越强，创伤就越有可能引起固着并遗留发展性障碍；创伤越强，即使在正常的本能状态下，创伤性伤害也肯定更加明显。毫无疑问，到目前为止，创伤性病因学为分析工作提供了更为有利的空间。只有当一个个案是以创伤为主导的时候，分析才能成功地完成它最擅长的工作；只有在这个时候，因为患者的自我功能已经得到了加强，患者才能用正确的解决方案去替换掉他在早期生活中所作出的错误决定。唯有此时，我们才能说这个分析完全地结束了。在他们身上，分析工作已经完成了所有它应该做的，已经没有必要再继续了。事实是，如果患者以这种方式被治愈了，并且以后也没有出现过其他需要治疗的症状，我们也不知道他所获得的免疫力在多大程度上是分析的结果，而不是某种命运使得他免受严酷的折磨。

本能先天所具有的强度，以及自我在防御过程中所产生的不愉悦的改变（比如，自我被扭曲和抑制），这些都是损害分析有效性的因素，并会使得分析过程永无终结。有人倾向于认为第一个因素（本能的强度）是第二个因素（自我的改变）产生的原因；但似乎后者也有其自身的致病因素。的确，我们必须承认我们对这些问题的了解还不够。时至今日，这些问题才成为分析性研究的主题。在我看来，分析师在这个领域的兴趣完全被误导了。我们要探究的问题不是“分析的疗愈性效果是如何产生的”（我认为这一问题已经被充分阐明了），而应该问是什么阻碍了这种疗愈的发生。

这个话题将我引向了两个直接从分析实践中产生的问题，我希望通过以下两个案例来说明。有一位男子，他在分析实践中已经取得了巨大成功，但他自己却得出结论，他认为他和男人和女人（与他是竞争对手的男人，以及

❶ “自我的改变”这一观点在后文中有更详尽的讨论，特别是在本论文第四部分。

❷ 这个词在下文中有讨论，在第19页。

他所爱的女人）的关系都没有摆脱神经症的困扰。因此，他找了一个他认为比他更优秀的分析师来给他做分析❶。他这种对自己批判性的省悟取得了很成功的效果。他和他所爱的女人结婚了，并成为了他竞争对手们的朋友和老师。就这样，很多年过去了，在此期间，他与他前分析师的关系也很明朗。但随后，在没有明显的外界因素的情况下，麻烦出现了。这位一直接受分析的男子变得对分析师充满敌意，并责备分析师未能给他一个完整的分析。他说，分析师应该知道，并且考虑到移情关系不可能永远都是正向的，他应该考虑到负性移情的可能性。而分析师为自己辩护说，在分析的那段时间并没有任何负性移情的迹象。哪怕他真是没能注意到负性移情的一些微弱迹象（考虑到早期分析的局限性，并不排除这种可能），他仍然很怀疑，如果当时这个话题（topic）［或用我们的话说，即"情结"（complex）］在患者身上还没有被激活的话，他作为分析师是否能够仅靠指出它就能将之激活。要激活一个情结，必然要求分析师在现实中采取一些不那么友好的行为。此外，分析师补充到，分析师和来访者之间在分析期间和分析之后的良好关系并不是每一个都可以被视为移情，也有一些是建立在现实基础上的，被证实为可行的友好关系。

现在我要转向我的第二个案例，这个案例也提出了同样的问题。一位不再年轻的未婚女性，她在青春期时因腿部剧烈疼痛而无法行走，她的生命活力也自此被切断了。她的病情显然具有歇斯底里的性质，并且很多治疗方法都不奏效。一段持续了九个月的分析帮助她解除了困扰，并使她再次成为了一个出色的、有价值的人，让她重拾了享受生命的权利。在康复之后的数年里，她一直遭遇不幸。她的家庭遭受了灾难和经济损失，并且随着年龄的增长，她看到自己在爱和婚姻中获得幸福的希望也都消逝了。但是这位曾经的病弱者勇敢地经受住了所有的这些，并在困难时期为她的家人提供支持。我不记得是在她分析结束后的第十二年还是第十四年，由于内出血严重，她不得不接受妇科检查。医生检查发现了肿瘤，并建议她进行完整的子宫切除

---

❶ 根据欧内斯特·琼斯（Ernest Jones）的观点，这与费伦奇（Ferenczi）有关。弗洛伊德在1914年10月对费伦奇进行了三周的分析，并在1916年6月对他又进行了一次三周（每天两次）的分析。参见：Jones，1957：158；1955：195，213。也可参见弗洛伊德为费伦奇写的讣告（1933c）(Standard Ed.，22，228)。

术。这次手术之后，她再次发病。她爱上了她的外科医生，并沉迷于自己身体内部可怕的变化所带来的受虐（masochistic）幻想——通过这种幻想她将浪漫埋藏在心底——并且已经无法对她再进行进一步的分析。直到生命的尽头，她都不太正常。她之前成功的分析经历太过久远，还是在我刚从事分析师工作的头几年里做的，我们不能对此抱有太多的期望。毫无疑问，这位患者的第二次发病有可能和第一次发病有着同样的病因：它们有可能是同一类受压抑的本能以不同的方式表现出来，而分析对此并没有完全解决。但我倾向于认为，如果不是因为新的创伤，就不会有新的神经症的发作。

这两个案例是从大量类似的案例中有意挑选的，足以开启对我们所关注的话题的讨论。持怀疑态度的人、乐观的人和有野心的人对这些话题的看法将完全不同。第一种人会说，现在证据确凿了，即使是一次成功的分析性治疗（患者在当时已经被治愈了），也不能保证患者以后就不患上另外一种神经症（的确，比如说由同一本能引起的神经症），也就是说，难以保证旧病不再复发。其他人会认为这并未得到证实。他们会反对说，这两个案例分别发生在二十年前和三十年前，是源于早期的分析治疗；但如今我们获得了更深刻的洞察和更广博的知识，并且技术也随着新的发现而发生了变化。他们还会说，如今我们会要求并期待分析性治疗的治愈效果应该具有永久性，或者至少，如果患者再次生病，我们应该证明其新患疾病不是他先前本能障碍——从新的形式——所复发的。他们会坚持说，我们对治疗方法的要求，不应该受到过去经验的极大限制。

我之所以选择这两个案例，正是因为它们可以追溯到很早以前。显然，一个成功的分析结果越是发生在近期，对我们的讨论就越没有用处，因为我们无法预测康复之后的情况。乐观主义者的期望很显然是以很多不能自我证明的事情为前提的。首先，他们假设，确实有可能彻底地并永久地消除一个本能冲突（或更准确地说，是自我与本能之间的冲突）；第二，当我们在治疗某人的一个本能冲突时，就像接种疫苗一样，我们可以让他对任何此类冲突的可能性产生免疫；第三，为了预防起见，我们有能力诱发这种致病性的冲突，且没有任何迹象表明这会对自己造成伤害，这样做是明智的。我抛出这些问题，但不打算立即回答。或许目前根本不可能对这些问题给出任何确定的答案。

理论讨论可能会对这些问题有一定启发性。但是，另一点已经很明确了：如果我们希望让分析治疗能达到这些严苛的要求，缩短分析时长将不会是我们要选择的道路。

Ⅲ

我长达数十年的分析经验，以及我工作性质和方式的改变，促使我尝试来回答这些摆在我们面前的问题。在从业早期，我治疗了很多患者，他们自然都希望自己被尽快治好。近年来，我主要从事分析的培训工作，只有少数相对较重的患者跟着我继续他们的治疗，但这些治疗也都被或长或短地打断过。对于这些个案而言，治疗的目标已经不再相同。其目标不再是缩短治疗时长的问题，而是从根本上消除他们再患病的可能性，并给他们的人格带来深远的改变。

在公认的对分析疗法的成败起决定性作用的三大因素中（创伤的影响、本能的原发性强度、自我的改变），这里涉及的只有第二个，即本能先天固有的强度。稍作思考，我们就会有所疑问，用“体质性的”（constitutional）［或“先天的”（congenital）］这一形容词来做限定是否有必要。或许这个先天性的因素真的从一开始就具有决定性作用，但我们可以想象，在生命过程中后来出现的对本能的强化也可能会产生同样的效果。如果是这样，我们就要修改我们的公式，应该说“本能**在当时**（at the time）的强度”，而不是“本能**体质性**的（constitutional）强度”。前面我们的第一个问题是：“是否有可能用分析治疗的方式，永久地、彻底地消除本能和自我之间的冲突，或是致病性的本能对自我上的需求呢?”为避免误解，我们有必要对“永久地消除一个本能性的需求”的意思进行更确切的解释。它的意思必然不是“使一个需求消失，这样就再也听不到它的声音了”。这通常是不可能的，也根本不是我们想要的。我们指的是其他的意思，大抵可以描述为“驯服”[1]

---

[1] “*Bändigung*”。弗洛伊德在《受虐狂的经济学问题》（*The Economic Problem of Masochism*，1924c）一文中用这个词来形容力比多可以使死本能无害的行为（Standard Ed.，19，164）。在更早的时候，他在《方案》（*Project*，1985）第三部分的第三节中使用了这个词，通过这个过程，痛苦的记忆不再产生影响，这都归功于自我的干预（Freud，1950a）。

(taming) 本能。也就是说，本能被完全融入到自我的和谐状态中，变得可以接受自我其他部分的影响，而不再寻求以其独自的途径来获得满足。如果有人问我们，要通过什么方式和途径才能达到这样的结果，答案是不容易找到的。我们只能说："那我们必须召唤女巫来帮助我们！"❶ (*So muss denn doch die Hexe dran!*) ——"女巫"元心理学。如果没有元心理学的猜测和推理（我差点说成"幻想"），我们将不会再向前迈出一步。不幸的是，和其他地方一样，在这个问题上我们的"女巫"所揭示的内容既不清晰也不详尽。我们只有一条线索可循（尽管它是最具价值的线索），即初级过程 (primary processes) 和次级过程 (secondary processes) 之间的对立，接下来我将转而对这一对立进行讨论。

如果现在再次来看看我们提出的第一个问题，我们就会发现，新的方向不可避免地把我们带到了一个特定的结论上。我们的问题是，是否有可能永久地、彻底地消除一个本能性的冲突（也即，以这种方式来"驯服"本能性需求）。如果用这些术语来表达的话，那这个问题就完全没有提到本能的强度，但是分析的结果恰恰取决于这一点。让我们从这样一个假设开始，即分析针对神经症所取得的成就，无非就是普通人在没有分析的帮助下自己取得的成就。但是，日常经验告诉我们，在一个正常人身上，任何一种本能冲突的解决方案都只适用于一个特定强度的本能，或更确切地说，只对本能强度和自我强度之间的一种特定关系有好处❷。如果自我的强度减弱了，无论是由于疾病或者耗竭，还是出于某种类似的原因，所有迄今为止已经被成功驯服的本能都可能会更新它们的需求，并竭力以非正常的方式获得替代性满足 (substitutive satisfactions)❸。我们在晚间做的梦就为这一说法提供了不容置疑的证据；在自我想要睡觉的时候，梦对本能的需求保持着清醒。

---

❶ "终究我们必须召唤女巫来帮助我们！"——歌德，《浮士德》，第一部分，第 6 场。浮士德为了寻找年轻的秘密，不情愿地寻求女巫的帮助。

❷ 或者，确切地说，这种关系在特定的限制内。

❸ 在这里，我们有理由声明过度劳累、受惊等非特定因素的病因学的重要性。这些因素总是可以得到普遍性的认可，但必须经过心理分析准确地理解其发生的背景。除非用元心理学的术语，否则定义健康是不可能的：例如，借助心理装置中各种机构（我们已经认识到或者推测出来的机构）之间的动力关系。[弗洛伊德对"劳累过度"等因素在神经症中的病因学重要性的认识最早可在弗利斯 (Fliess) 论文的草稿 A 中找到，最早可追溯到 1892 年 (1950a, Standard Ed., 1)。]

另一方面的资料（本能的强度）同样很明确。在个体的发展过程中，某些特定的本能会大幅度地加强，这样的阶段有两次：青春期和女性更年期。如果一个人在之前从没有患过神经症，而在这些时候表现出神经症的症状，我们一点也不惊讶。当这些本能不是那么强烈时，他能成功地驯服它们；但当本能增强后，他就做不到了。压抑就像是水坝抵抗着水的压力一样。这两种生理本能的强化都有可能在生命的任一阶段，因偶然的原因，以不寻常的方式带来相同的影响。这样的强化可能会被新的创伤、挫败感所触发，或者，一种本能对另外一种本能的附带影响也会带来这种强化。结果都是相同的，它低估了定量因素在疾病成因中不可抗拒的力量。

当我意识到我刚才一直谈论的这些都早已为人熟悉、不言而喻，我应该为如此冗长的阐述而感到惭愧。事实上，我们总是表现得好像我们都已经熟知这些，但是在大多数情况下，我们的理论概念都忽略了经济学的（economic）方法，它没有像动力学（dynamic）和地形学模型（topographical）概念那样受到同等重视。所以，请允许我把注意力转向这个被忽视的地方❶。

然而，在我们决定回答这个问题之前，我们必须考虑到一个阻碍因素，我们很有可能会受制于它。可以说，我们的论证都是从自我和本能之间自发发生的过程中推导出来的；这些推论的前提是，对于那些在有利的、正常的条件下本身不会发生的事情，分析性治疗也无法完成。但事实果真如此吗？这不正是我们的理论所宣称的吗：分析会产生一种新的、从未在自我中自发产生的状态，而这种状态构成了被分析的人与未被分析的人之间的本质区别？我们需要牢记这一主张的依据。所有的压抑都发生在童年早期；它们是未成熟、脆弱的自我所采取的原始的防御措施。在随后的几年里，没有新的压抑发生，但是旧的依然存在；这些压抑继续被自我用来对本能进行掌控。新的冲突通过我们称之为的“压抑后”（after-repression）进行处理❷。我们可以把我们的一般性结论应用于这些婴儿期的压抑，即压抑绝对并且完全地

---

❶ 在《非专业人士分析问题》（*The Question of Lay Analysis*，1926e）第七章中，用相对不那么技术性的语言特别清楚地阐述了这一论点。

❷ “*Nachverdrängung*”。见关于“压抑”的元心理学分析的文章（1915d，Standard Ed.，14，148）然而，（与该时期的其他地方一样）所使用的术语是“*nachrdrängen*”，翻译为“压抑后”。

依赖于相关的本能驱力的相对力量，压抑并不能阻止本能强度的增加。但是，分析能够使已经更加成熟和更具力量的自我对这些旧的压抑进行修正：其中一些压抑被拆除，而其他一些被识别出来，并由更坚固的材料重新构造。这些新的类似水坝一样的防御机制，它们的坚固程度与之前的大不相同。我们相信，在本能的力量泛滥之前，这些新大坝不会轻易倒塌。因此，分析治疗的真正成就就在于对原始压抑过程进行修正，这一修正将会结束定量因素一直以来的主导地位。

到目前为止，我们还不能放弃我们的理论，除非是有不可抗拒的强制因素。对此我们的经验（experience）能告诉我们什么呢？也许我们的经验还不足以使我们得出一个确定的结论。经验常常证实了我们的预期，但并不总是这样。在人们的印象中，哪怕最后我们发现一个没有被分析的人与一个被分析的人，他们行为之间的差异没有达到我们想要的那么彻底，不像我们所期望的那样一直保持，我们也不应该感到太惊讶。如果真出现这种情况，那么就意味着，分析有时候会成功地消除本能增加的影响，但并非总是如此，或者分析的作用仅限于提高对抑制性行为的阻抗力，以使得这种抑制的力量能够与分析前或未进行分析的情况下更为强大的需求力量相当。我实在不能就这点作出结论，也不知道目前是否有可能作出结论。

但是，我们可以从另一个角度来探讨分析效果的多变性问题。我们知道，要获得对环境的掌控力，第一步就是概括，总结出规律和法则，进而将秩序带入到混乱中。这样一来，我们就能简化现象世界；但这样我们不可避免地会对现象世界产生歪曲，当我们处理的是发展和变化的过程时，尤为如此。我们所关心的是识别出质的（qualitative）变化，但通常我们这样做时，首先就会忽略定量的（quantitative）因素。在现实世界中，过渡和中间阶段远比截然相反的状态更为常见。在研究发展和变化时，我们只关注结果，而很容易忽略这样一个事实，即发展的过程通常或多或少是不完整的，也就是说，发展实际上只是部分的改变。奥地利一位精明的讽刺作家，约翰·内斯特罗伊[1]（Johann Nestroy）曾经说过："每前进一步都只有最初看起来的

[1] 弗洛伊德在《非专业人士分析问题》（*The Question of Lay Analysis*）中同样引用了这句话（1926e，Standard Ed.，20，193）。

一半。”人们认为这一不怀好意的格言具有相当普遍的有效性。因为几乎总是存在一些残留现象，即部分滞后现象。当一位慷慨的资助者突然变得吝啬而令我们惊讶时，或者当一位一向非常仁慈的人突然任性地四处表现敌意时，这种“残留现象”（residual phenomena）对遗传学研究来说非常宝贵。这些现象表明，这些值得称赞的宝贵品质是建立在补偿和过度补偿的基础上的，正如人们所期望的那样，补偿和过度补偿并不是绝对和完全成功的。我们最初对力比多发展的解释是，最初的口欲期（oral phase）让位于施虐狂-肛门期（sadistic-anal phase），而后来又被阴茎-生殖器期（phallic-genital phase）替代。后来的研究并没有推翻这一观点，但对其进行了修正和补充：这种阶段的更替不是突然而是逐渐发生的。因此，总是会有部分早期组织残留下来，和较新的组织并存，即使在正常的发育过程中，这种转变也从来不是完整的。早期力比多固着的残留物可能仍然保留在最终的结构中。在其他完全不同的领域，也能看到同样的情况。在所有被认为是已经被克服的人类错误和迷信中，没有哪一个不残留在当今的文明中，它们存在于文明社会的较低阶层，甚至是最高阶层。曾经存活过的事物僵而不化，顽强地存在着。有时候，我们不禁怀疑，远古时代的巨龙是否真的灭绝了。

如果把这些评论应用到我们目前的问题上，那么我们要如何来解释分析性治疗所带来的不恒定的结果呢？我认为这一问题的答案很可能是，我们努力地试图用可信赖的自我调控来取代危险的压抑机制，但我们并不总能最大程度地实现这一目标，换言之，我们实现得还不够彻底。这种转变确实已经实现了，但往往只是部分实现，仍然有一部分旧的防御机制没有被分析工作触及。我们很难证明事实真的如此。因为我们除了试图对结果进行解释以外，没有其他方法来判断到底发生了什么。然而，尽管如此，人们在分析工作中获得的印象和这一假设并不矛盾；事实上，人们似乎更愿意证实这一点。但是，我们绝不能以对自己洞察力的了解来衡量患者对我们信服的程度。正如人们可能所说的那样，患者的信服可能缺乏“深度”。这始终是一个容易被忽视的有关定量因素的问题。如果这是我们所提问题的正确答案，那么我们可以说，声称通过确保对本能的控制来治疗神经症的分析，这在理论上总是正确的，但在实践中并不总是这样。这是因为，我们并不总是能成功确保对本能的控制。这种部分失败的情况是很容易被发现的。在过去，本能的强度（作为一种定量的因素）和自我所作出的防御努力是相对的。出于这个原因，我们呼吁分析工作的帮助。现在，同样的因素也限制了这一新措施的有效性。如果本能的强度过大，即使在分析的支持下成熟的自我也会败下阵来，就像以前无助的自我败下阵来一样。即使自我对本能的掌控有所改善，但由于防御机制的转变还不完全，所以它仍然不够完善。这并不稀奇，因为分析所用的工具的力量不是无限的，而是受限制的，而最终的结果总是取决于相互斗争的心理结构之间的相对强度。

毫无疑问，缩短分析性治疗的时长是令人向往的，但是我们只有增强分析的效力，进而对自我进行援助，才能实现我们的治疗目标。催眠似乎是达到这个目标的绝佳工具；但我们不得不放弃它，原因也众所周知。目前我们还没有找到催眠疗法的替代品。从这个角度来看，我们可以理解，像费伦奇（Ferenczi）那样的分析大师是如何在他生命的最后几年投身于治疗性实验的，但不幸的是，这些实验都被证明是徒劳的。

Ⅳ

另外，还有两个问题必须放到一起处理：①当处理一个本能冲突时，我们是否能保护患者免受未来其他冲突的影响？②为了预防的目的，激起一个在当时并不明显的冲突，这是否可行且恰当？很显然，只有第二项任务完成时，第一项任务才能完成，也就是说，当一个未来可能出现的冲突转变为一个当下的现实的冲突时，它才具有影响力。对这个问题所进行的新的表述方式，说到底只是对之前方式的延伸。我们最初考虑的是，如何防止同样的冲突再次出现，而现在我们考虑的是，如何防止一个冲突被另一个冲突所替代。这个提议听起来很有野心，但我们要做的，仅仅是弄清楚是什么限制了精神分析治疗的有效性。

无论我们的治疗野心多么想承担这样的任务，而经验都会断然地否定这种意图。如果某个本能的冲突在当前并不活跃，它没有自行显现，那我们也无法通过分析来影响它。在我们努力探索内心世界的过程中，我们经常听到这样的警告：别去吵醒睡着的恶犬（Let sleeping dogs lie），但在精神生活的范畴中，这个警告就特别不恰当了。因为如果本能正在导致紊乱，那就说明“恶犬”根本就没有睡着；如果它们真的睡着了，那我们也无力去唤醒它们。但是，最后一句话似乎并不十分准确，还需要进行更详细的讨论。让我们想想，有什么办法可以把原本潜在的本能冲突转变为当下活跃的冲突。很显然，我们只能做两件事情：我们可以在当下制造出一些激活冲突的情景，或者我们乐于在分析中讨论冲突，并指出冲突被激活的可能性。这两种选择中的第一种可以通过两种方式实现：在现实中，或者在移情中（这两种情况都将使患者遭受挫折和性欲压抑，进而使其承受一定程度的真实痛苦）。目前，我们确实已经在常规的分析过程中使用了这种技术。要不然的话，分析必须在一种“挫折状态”下进行，这一规则的含义是什么呢？❶ 但这是我们在处理当前活跃冲突时所使用的一种技术。我们力求使这种冲突浮出水面，让其发展到最高峰，从而增加解决这一冲突的本能力量。分析经验告诉我们，“要求更好”（the better）永远是“好”（good）的敌人❷，在患者康复的每一个阶段，我们都必须与他的惰性作斗争，也就是说，患者总是准备好满足于一个并不完整的解决方案。

然而，如果我们的目标是，对目前尚不活跃而仅仅是潜在的本能冲突进行预防性处理，那么单纯调节患者身上已经存在的、他无法避免的痛苦是不够的。我们应该下决心在他身上激活新的痛苦；迄今为止，我们完全把这事交给了命运。我们应该接受来自各方的告诫，反对将可怜的人类置于如此残酷的实验，并与命运抗争的假设中。这将会是一些什么样的实验？我们能不能为了预防的目的，承担破坏美满婚姻的责任，或使患者放弃他赖以为生的生计？幸运的是，我们从未把自己放到这样的处境下，去考虑这样干预患者的实际生活是否合理；我们并没有这样做所需要的绝对权力，而且我们治疗性实验的对象也肯定会拒绝合作。因此，在实践中，这一程序实际上被排除在外。但除此之外，在理论上也存在反对意见。如果患者的致病经历发生于过去，那么分析工作将取得最佳进展，因为这样他的自我和他的致病经历之间才能保持一段距离。在紧急危机状态下，无论从什么意义上来讲，分析都

---

❶ 参见《移情之爱》（1915a，Standard Ed.，12，165），以及布达佩斯的会议论文（1919a，Standard Ed.，17，162ff）。

❷ 法国谚语：“完美是好的敌人。”

是无用的。自我的全部精力都被痛苦的现实所占据，而隔绝在分析之外，而分析正是试图深入到表面之下，去揭示过去的影响。因此，制造一个新的冲突只会使分析工作的时间变得更长，并使分析更加困难。

有人会反对说，这些言论是完全没有必要的。没有人会为了治疗潜在的本能冲突，而刻意制造出新的痛苦情境。这并不是值得夸耀的预防性成就。例如，我们知道，患过猩红热并已康复的患者就会对该疾病产生免疫力；然而，医生从来没有想过，为了让一个有可能患上猩红热的健康人获得免疫力，就故意让他染上猩红热。采取保护措施时不得产生与疾病本身相同的危险情况，而仅仅应是非常轻微的情况，就像接种天花疫苗和许多其他类似的举措一样。因此，在对本能冲突的预防性分析中，唯一能考虑的方式是，我们刚才提到的另外两种：在移情过程中人为地制造新的冲突（毕竟，这种冲突不具备现实性），或者通过与患者谈论冲突，使患者熟悉这些冲突可能被激活的方式，在患者的想象层面唤起这些冲突。

我不知道我们是否可以断言，这两种比较温和的方法中，第一种已经被完全排除在分析之外了。在这个方向上，还没有进行过专门的实验研究。但是，如果这样做的话，困难马上就会出现，而这样做并不能给我们的工作带来希望的曙光。首先，这种移情情境的选择是非常有限的。患者自己无法将他所有的冲突都带到移情中去；分析师也无法从移情的情境中说出患者所有可能的本能冲突。分析师可能会让患者产生嫉妒，或让他们在爱中体验到受挫；但实现这些并不需要任何技术上的意图。在大多数分析中，在任何情况下类似的事情都是自发产生的。其次，我们绝不能忽视这样一个事实，即所有这类措施都会迫使分析师对患者采取不友好的行为，这将对患者的情感态度——正性移情——产生破坏性的影响，而这正是患者参与分析工作的最大动机。因此，我们绝不能对这一举措抱有太大的期望。

如此一来，就只有一种方法可供我们选择了（这种方法很可能是最初设想的唯一方法）。我们告诉患者其他本能冲突发生的可能性，并勾起他对于这种冲突可能发生在他身上的期待。我们希望，这一信息和这一警告能在患者身上激发起我们所指出的冲突中的任意一种，其激活程度适当，且足以进行治疗。但这一次，经验毫不含糊地表明，我们预期的结果没能实现。患者接收到了我们的信息，但没有任何反应。他可能会想："这很有趣，但我没有感觉到它的痕迹。"我们增加了他的知识，但没有给他带来其他的任何改变。这种情况与人们阅读心理分析著作时的情况大致相同。读者只会被那些他觉得适用于自己的段落所"刺激"，也就是说，他只关注到当时他身上活跃的冲突，其他的一切让他毫无感觉。我认为，当我们对儿童进行性启蒙时，我们也会有类似的经历。我绝不认为性启蒙是一件有害或不必要的事情，但很明显，这一宽松的预防性措施所带来的效果被大大高估了。经过这样的启蒙，儿童知道了一些以前不知道的事情，但是他们没有运用当下传授给他们的新知识。我们会看到，儿童并不会因为急于获得这种新知识，而放弃掉他们对性所形成的理论，这些理论或许可以被称为是自然成熟（natural growth）的结果。儿童基于他们尚未成熟的性欲组织建构起一些理论，这些理论和他们尚未成熟的性欲组织是匹配的——这些理论是关于鹳鸟扮演了什么角色（在西方童话里，小孩是由鹳鸟叼来的——译者注），性交是怎么回事、婴儿是怎么做成的。在他们经过性启蒙之后的很长一段时间里，他们的行为就像是那些原始部落的族人，被强求信奉基督教，私底下却继续膜拜着他们先前的神像。[1]

V

我们从如何缩短精神分析治疗冗长的治疗过程这一问题开始，并且，带着这个有关时间的问题，我们还考虑了是否有可能通过预防性的治疗实现永久性的治愈，甚至预防未来疾病。在此过程中，我们发现，决定治疗成功与否的因素是创伤性致病因素的影响、必须被控制的本能的相对强度，以及我们所称为的自我的改变。在这些因素中，我们仅详细讨论了第二个，并且有机会认识到了定量因素的至关重要性，并强调了在尝试进行任何解释时，都要将元心理学（Metapsychology）的方法考虑在内。

对于第三个因素——自我的改变，我们还没有进行任何的讨论。当我们

[1] 弗洛伊德关于儿童性启蒙的这些思考，可以与他早期关于这一主题的论文（1907c）中不那么复杂的思考相比较。

开始关注这一因素时，我们得到的第一印象是，这里有很多问题要问，也有很多问题要回答。对于这个因素，我们要讨论的都将被证明是远远不够的。当我们进一步研究这个问题时，这种第一印象就得到了证实。众所周知，在分析情境中，分析师将自己与患者的自我结成联盟，以驯服患者本我中不受控制的部分（也就是说，将这些部分整合到患者的自我结构中）。这种合作通常在精神病患者身上遭到失败，这一事实为我们的判断提供了第一个坚实的基础。如果我们希望能够与患者的自我达成这样的契约，那么患者的自我必须是正常的。但这种正常的自我，就像通常意义上的常态一样，是一种理想的虚构。不幸的是，对于我们的目的而言不正常的自我是不可用的，这一点却不是虚构的。每一个正常的人，实际上只是平均意义上的正常。他的自我在某些部分或某种程度上或多或少地接近于精神病患者的自我。在这个序列上，自我远离该序列一端的距离，以及自我接近另一端的距离，则给我们提供了一个临时的标尺，用来衡量被我们模糊定义的"自我的改变"。

如果要追溯各种类型和程度的自我的改变的源头，我们就不可避免地会遇到第一个要作出的选择，即这些变化是先天遗传的，还是后天习得的。其中，第二种是比较容易治疗的。如果自我的改变是后天习得的，那么从生命最初的几年开始，自我肯定就一直处于发展过程中。因为，自我必须从一开始服务于快乐原则（pleasure principle），努力完成在本我和外界之间进行调解的任务，并且保护本我免遭外界的威胁。假使在这些努力的过程中，自我也学会了采取防御性的态度来对待本我，并将后者的本能要求视为外部的危险。无论如何，这种情况会发生，因为自我明白，本能的满足会导致与外部世界的冲突。此后，在教育的影响下，自我逐渐习惯于由外到内消除战斗现场，并在内部（internal）危险变成外部（external）危险之前就将之制服；这样做通常情况下是最正确的。在这两条战线的战斗中（稍后还会有第三条战线[1]），自我利用各种程序来完成它的任务。总的来说，就是避免危险、焦虑和不快。我们称这些程序为"防御机制"（mechanisms of defence）。我们对它们的了解还不够全面。安娜·弗洛伊德（Anna Freud，1936）使我们对它们的多重性和多方面的意义有了初步的了解。

[1] 间接提到超我（super-ego）。

对神经症过程的研究正是从这些机制中的一种——压抑开始的。毫无疑问，压抑并不是自我为达到其目的而采用的唯一方法。不过，压抑相当独特，它与其他机制的差别，比其他机制之间的差别都更为显著。我想通过类比来阐明压抑与其他机制的关系，尽管我知道在这些问题上，类比的方式永远不会让我们走得太远。让我们想象一下，当一本书不是以不同版本印刷出版，而是以单行本的形式出版时，它会发生什么。我们可以假设，这本书中的一些说法在后来被认为是不可取的——例如，根据罗伯特·埃斯勒的说法（Robert Eisler，1929），弗拉维乌斯·约瑟夫斯（Flavius Josephus）的著作中必定包含关于耶稣基督的段落，这些段落冒犯了之后的基督教国家。如今，官方审查机构唯一可采用的防御机制，是没收和销毁整个版本的每个副本。然而，在当时，人们使用了各种各样的方法使这本书变得无害。其中一种方法是，将那些令人不快的段落密密麻麻画上线，使它们难以辨认。这样，这些段落就无法被誊写，而这本书的下一个誊写员将写出一个无懈可击的文本，但这使得某些段落中会有空白，从而变得晦涩难懂。但是，如果当局对此不满意，但又想隐藏那些任何表明该文本已被肢解的迹象，另一种方法就是继续对该文本进行扭曲。某些单个的词将被删除或由其他词替换，并插入一些新的句子。最神奇的是，整个段落都会被抹去，取而代之的是一个新的段落，而它的意思正好相反。于是，下一个誊写员就可以写出一个不会引起怀疑，但完全被篡改过的文本。新的文本不再包含作者想说的话，而且很有可能，这些修改的内容完全没有朝向真实的方向。

如果不那么严格地进行类比，我们可以说，压抑和其他防御机制的关系，就如同删减文本和对文本进行扭曲的关系；而且我们可能会发现，这些扭曲文本的各种不同形式与自我改变的各种方式有相似之处。或许有人会试图提出反对意见，认为类比在本质上就是错误的，因为文本的扭曲是一种具有倾向性的审查制度，而在自我的发展中却找不到与之对应的东西。但事实并非如此，这种倾向性的目的，在很大程度上是由自我的快乐原则的吸引力来表现的。心理装置无法忍受不愉快的感受，它必须不惜一切代价来抵御这种不快，如果对现实的感知带来不快，那么就必须牺牲这个感知，即真相。在涉及外部危险的情况下，个人可以通过逃避、避免危险情境，来帮助自己赢得一些时间，直到他变得足够强大，能够通过主动改变现实来消除威胁。但我们不能逃避自身，逃跑对于内部危险毫无用处。出于这个原因，自我的防御机制注定要篡改我们的内在感知，并给本我赋予一个不完善且扭曲的形象。因此，在自我和本我的关系中，自我总是因其自身的抑制作用（restrictions）而瘫痪，或被自身的错误所蒙蔽。在精神世界的范畴内，这一结果就好比是，一个人走在一个陌生的国度里，并且没有一双好腿。

防御机制的目的是为了规避危险。毋庸置疑，它们在这一点上是成功的；在自我的发展过程中，是否可以完全没有防御机制相伴随，这点却是值得怀疑的。但同样可以肯定的是，防御机制本身也可能成为危险。事实证明，有时候自我为了完成它的服务，付出了过高的代价。维持这些服务所需要的动力支出，以及这些服务几乎难以避免地引起对自我的限制，这些从心理经济学来看都是沉重负担。此外，在自我发展的艰难岁月中，这些机制在帮助自我渡过难关之后也不会被放弃。当然，没有一个人会运用所有可能的防御机制，每个人都只选择性地使用其中的一部分。但这些机制都会固着在个体的自我之中，变成了个体性格中常规的反应模式。在个体之后的生活中，每当出现与原初情境相似的情况，这种模式就会反复出现。这种情况使得这些防御反应成了一种幼稚病（infantilisms），它们的命运与许多机构相似，这些机构总是在其有效性的时代过去之后，还试图继续存在。正如诗人所抱怨的那样，"理性变成了荒谬，善行变成了灾祸"[1]（*Vernunft wird Unsinn*，*Wohltat Plage*）。成人的自我，随着其力量的增强，继续捍卫着自己免受现实中其实早已不再存在的危险；事实确实是这样，自我不得不从现实中找出一些情境，来作为原初危险的近似替代品，这样就能够证明它维持惯用的反应模式是合理的。由此，我们不难理解，防御机制是如何使得自我日益广泛地与外界疏远，不断地削弱自我，并促使神经症的爆发，为其铺平道路的。

但是，目前我们并不关心防御机制的致病作用。我们试图揭示的是，与之相对应的自我的改变，对我们的治疗工作有什么影响。我之前提到的安娜·弗洛伊德的那本著作已经给出了回答这个问题的材料。关键的一点是，患者同样会在分析工作的过程中重复他的反应模式，这些模式就在我们眼皮子底下发生，就像它们平日里发生的一样。事实上，只有这样我们才能了解这些模式。这并不意味着这些模式会使得分析变得不可能。相反，它们占据了我们分析任务中的一半。另一半的任务是揭露隐藏在本我中的东西，这是在分析早期首要处理的任务。在治疗过程中，我

---

[1] 歌德·《浮士德》第一部第四场："理性变成了荒谬，善行变成了灾祸。"

们的治疗工作就像钟摆一样，不断地在本我分析（id-analysis）和自我分析（ego-analysis）之间来回摆动。在本我分析中，我们让本我中的一部分进入到意识中；在自我分析中，我们则要修正自我中的某些部分。问题的棘手之处在于，先前用于抵御危险的防御机制会在治疗中重现，并转化为对康复的阻抗（resistance）。由此，自我将康复本身视为了一种新的危险。

治疗的效果取决于能否将压抑的心理内容（广义地说，是本我中压抑的内容）带入到意识中。我们通过解释（interpretation）和建构为意识化铺平道路[1]，但只要自我还维持着早期的防御，且不放弃阻抗，那我们的解释就只是为自己，而不是为患者。现在，这些阻抗虽然属于自我，但却是无意识的，在某种意义上与自我是隔开的。比起本我中隐藏的部分，分析师更容易识别存在于自我中的阻抗。有人可能会认为，就像对本我中的隐藏部分一样，只要将这些阻抗意识化，并使之与自我的其他部分联系起来，这就足够了。如果真是这样的话，我们就可以假定，分析任务的一半就完成了；按理说，我们在揭露阻抗时，不应该会遇到对"揭露阻抗"的阻抗。但事情就是如此。在对阻抗进行工作的过程中，自我（以或高或低的严重程度）撤出了治疗联盟协定，而这个一致性的约定是分析情境得以建立的基础。自我不再支持我们为揭露本我而做出的努力，甚至反对这种努力，违抗分析的基本规则，并且不再允许压抑的衍生物浮现出来。我们不能期望患者对分析疗效抱有坚定的信念。患者可能对他的分析师有一定程度的信心，这能激发起他的正性移情，进而使其信心增强并具有治疗效果。现在，由于新的防御性冲突被激活，患者在令人不快的驱力的影响下，负性移情可能占据上风，并彻底地中断分析情境。在这种情况下，患者将认为，分析师只不过是一个给他施加一些让他感到不愉快的要求的陌生人，并表现得像个小孩，他讨厌这个陌生人，不相信他说的任何话。如果分析师试图和患者解释，说他是出于防御目的发生了这些扭曲，并想修正他的这些扭曲，那分析师会发现患者不能理解，也无法接受这些合理的论述。因为，我们可以看到，这里存在着对"揭露阻抗"本身的阻抗，防御机制确实配得上我们最初（在对它们进行仔细研究前）给它们所取的名字。它们不仅是对本我中的内容进行意识化的阻抗，还是整个分析过程本身对康复的阻抗。

---

[1] 参见关于这一问题的论文（Freud，1937d）。

为保证对分析工作不可动摇的忠诚，我们虚构了一个“正常的自我”。如果我们能理解“正常的自我”这一说法的偏差，那么防御对自我的影响就可以被恰当地描述为一种“自我的改变”。于是，我们就很容易接受以下的事实：如日常经验那样，分析性治疗的效果主要取决于阻抗的强度和深度，这些阻抗将导致自我的改变。在此，我们再一次面临定量因素的重要性，也再一次认识到，分析只能借助特定的、数量有限的能量，而这些能量必须与敌对的驱力进行抗衡。而且看起来，胜利似乎通常都在大阵营的一方。

Ⅵ

我们要问的下一个问题是，是否自我的每一次改变（就我们所讲的术语而言）都是在生命最早期的防御性斗争中所获得的。答案毋庸置疑。我们并不是要质疑自我原始的、先天的、具有独特特征的存在及其重要性。提出这个问题仅仅是基于以下事实：每个人都只会从各种可能的防御机制中选择少数几种，并且总是固定地使用这几种。这似乎表明，自我从一开始就被赋予了个人特质和倾向，尽管我们确实无法明确这些特质的性质或决定这些倾向的因素是什么。此外，我们知道，我们不能把遗传特质和后天形成的性格之间的差异夸大成一种对立，而且祖先所获得的东西无疑是我们先天遗传的重要组成部分。当谈到“古老的遗产[1]”时，我们通常只想到本我，而且我们似乎总假设，在个体生命的初期，还没有自我的存在。但是，我们不应忽视一个事实，即本我与自我本是源自一体的。如果我们认为，甚至在自我出现之前，它的发展轨迹、倾向和后来会出现的各种反应都已经预先铺设好了，那这也并不意味着，我们对遗传有什么神秘的、过多的重视。家庭、种族和民族的心理特性，甚至在他们对于分析的态度上，都容不下其他的解释。确实，除此之外，分析经验迫使我们相信，即使是特殊的心理内容，如象征（symbolism），除了遗传性的代代相传之外没有其他的来源，社会人类学众多领域的研究也让我们有理由假设，早期人类发展过程中所留下来的、其他同样特别的沉淀物也存在于古

[1] 见《摩西与一神论》(1939a)，第三篇论文第一部分的编者注。

老的遗产中。

当我们认识到，自我以阻抗的形式体现出来的特性，既可以由遗传来决定，也可以从后天的防御性斗争中习得，那自我和本我在地形学模型上的区别就不是那么值得研究了。如果在分析经验上更进一步，我们就会遇到另一种类型的阻抗，我们不再能对这些阻抗进行定位，它们似乎依赖于心理结构中的某些基本条件。我只能举几个这类阻抗的例子，对于这整个领域的探索仍然让人困惑，并且非常不足。例如，我们会遇到这样的人，我们倾向于认为他们有一种特殊的“力比多黏附性❶”（adhesiveness of the libido）。他们治疗的过程比其他人要慢得多，这是因为他们很显然下不了决心把从力比多从一个物体上抽离出来，然后再转移到另一个物体上。我们没有发现这种贯注式的忠诚是出于何种特殊的原因。我们也会遇到另一类与此相反的人，在他们身上力比多似乎特别容易移动；在分析的暗示下，他们随时准备把力比多投注到新的事物上，并放弃掉原先的客体。这两种类型之间的差异可以与雕刻家在坚硬的石头上工作还是在柔软的黏土上工作的感觉相比较。不幸的是，在第二种类型中，分析结果往往是非常短暂的：新的力比多投注很快又被放弃了。这给我们一种印象，这不是在黏土上工作，而是在水上面写字。正应了那句俗话：“来得快，去得也快。❷”

在另一组病例中，我们对患者的态度感到惊讶，这种态度只能归因于患者的可塑性、进一步改变和发展的能力已经消耗殆尽，通常情况下，对此我们应该有所预见。诚然，对于分析中特定程度的心理惰性❸（psychical inertia），我们是有准备的。当分析工作为本能的驱力开辟了新的途径时，我们几乎总会观察到，驱力并不会毫不犹豫地进入新渠道。我们把这种行为称为“来自本我的阻抗❹”，尽管这种说法可能不是太正确。但对于我现在所想到

❶ 这一说法出现在《导论》（*Introductory Lectures*）（1916-1917，Standard Ed.，16，348）的第二十二讲。这一特性和下面讨论的更广义的“心理惯性”在弗洛伊德早期著作中并不总是被单独谈论。这个话题所涉及的一系列事件注在《一个偏执狂的案例》（*A Case of Paranoia*）（1915f，Standard Ed.，14，272）的脚注中。

❷ *Wie gewonnen，so zerronen*.

❸ 参见第 42 页的脚注。

❹ 见《抑制、症状与焦虑》（1926d，Standard Ed.，20，160）附录 A（a）。

的病人来说，所有的心理过程、关系、力量的分配都是不可改变的、固着的和僵硬的。我们在老年人身上也发现了同样的事情，在这种情况下，它被解释为习惯的力量或者是接受能力的枯竭（一种心理熵[1]）。但是，我们在这里面对的仍然是年轻人。我们的理论知识似乎还不足以对此类类型作出正确的解释。或许我们可以考虑一些暂时性的特征——心理生活在发展节奏上的一些变化，对此我们还尚未予以重视。

然而，还有一组案例，其自我的独特特征可能来自不同的且更深层的根源，这些特征是分析性治疗中阻抗的来源，并阻碍了治疗的成功。在这里，我们正在处理的是心理学研究所能了解的终极问题：两种原始本能的行为——它们的分布、组合和解离——我们不能将这些事物视为心理结构中的单一项，如本我、自我、超我。在分析工作中，阻抗带给我们最强烈的印象莫过于，有一种力量防御性地、千方百计地阻止患者康复，不遗余力地使得患者患病并遭受折磨。这种力量的其中一部分已经为我们所熟知，它在正义感的驱使下，作为一种罪恶感和受惩罚的需要，被我们安置在自我和超我的关系中。但这只是其中的一部分，它在心理层面上被超我所约束，因此变得可识别。这种力量的其他部分，不论是受约束的还是自由的，可能在其他尚未被指明的地方起作用。如果我们考虑到，那么多人身上有受虐倾向，那么多神经症患者有消极的治疗反应和负罪感，我们就无法坚持一个信念，即精神活动完全是由追寻快乐的欲望所支配。这些现象明白无误地表明，精神生活中存在着一种我们称之为攻击性本能或者破坏性本能的力量。根据其目的，我们可以追溯到生物身上最原初的死亡本能。对生活的乐观态度和悲观态度并不是决然对立的。只有通过两种原始本能——爱本能和死亡本能——的联合行动或相互对立的行动[2]，而不能只靠其中的任一个，我们才能够解释生命现象的丰富性和多样性。

这两类本能的一些部分是如何结合在一起，实现各种重要功能的？在什

---

[1] 《狼人》（*Wolf Man*）（1918b，Standard Ed.，17，116）的一段文章中也谈到了同样的心理特征。

[2] 这是弗洛伊德最喜欢用的一个短语。例如，在《梦的解析》（1900a，Standard Ed.，4，1）第一段就出现了这个短语。他对这个短语的喜好反映了他对“基本二元论”的忠诚。参阅《自我与本我》（1923b，Standard Ed.，19，46&246）。

么条件下，这种组合会变得松散或破裂？这些变化对应的是什么样的障碍？根据快乐原则，这些变化会在感知层面给人们带来什么感受？如果能把这些问题阐述清楚，那将是心理学研究中最有价值的成就。目前，我们必须向这些力量所占据的优势地位低头，因为我们的努力还毫无结果。即使是对简单的受虐狂现象施加心理影响，也是对我们能力的严峻考验。

为了证明破坏性本能活动的存在，在对相关现象进行研究时，我们并不局限于对病理材料的观察。许多正常的精神生活也需要这类解释，我们的眼光越敏锐，它们对我们的冲击就越大。对我而言，这个问题太新、太重要了，我不能把它当作这场讨论中的一个次要问题来对待。因此，我会选择几个样本案例来讨论。

这里就有一个例子。众所周知，在以往所有的时代，正如现在也仍然存在一样，有些人既可以把同性，也可以把异性，作为他们的性对象，并且这两种取向互不干扰。我们称这样的人为双性恋，我们接受他们的存在，并不对此感到惊讶。然而，我们已经认识到，每个人的力比多都是分散的，以或明显或潜在的方式施加到两种性别的客体身上，在这个意义上，每个人都是双性恋。但我们对以下一点感到震惊。在第一类人（双性恋）中，这两种取向并没有发生冲突，而在第二类或其他类别的人群中，这两种取向处于一种不可调和的冲突状态。在他们身上，异性恋倾向绝不会容忍任何的同性恋倾向，反之亦然。如果异性恋倾向越强，它就成功地使同性恋倾向处于潜伏状态，迫使同性恋倾向远离现实中的满足。另外，一个人的异性恋倾向所面临的最大危险，莫过于其潜在的同性恋倾向对他的干扰。我们可以这样来解释，每个人只有一定数量的力比多供其支配，这两种对立的取向必须为此斗争。但尚不清楚的是，为什么竞争的双方不能总是根据其相对实力来分配它们可用的力比多份额，因为它们在很多情况下都可以这样做。我们被迫得出这样的结论，即冲突趋向是某种特殊的事物，它是新增加到情境中的东西，与力比多的数量无关。这种独立出现的冲突趋向只能被认为是对尚未被约束的攻击性因素的干预。

如果我们认识到，我们正在讨论的案例是对破坏性或攻击性本能的表达，那么问题马上就来了，我们是否不应该将这种观点扩展到其他冲突情况中，确切地说，我们对心理冲突的所有认识是否不该从这个新角度来进行修订。毕竟，我们假设，在从原始状态发展到文明状态的过程中，人类的攻击性在很大程度上经历了内化过程或者转向自身。如果是这样，人的内部冲突肯定会和外部斗争是对等的，而外部斗争已经停止了。我很清楚，二元理论（dualistic theory）——根据这个理论，作为爱（Eros）的搭档，死亡本能（或破坏性、攻击性本能）要求得到与爱同等的权利，在力比多中占据与爱同等的分量——并没有获得很多的响应，甚至在精神分析学家中也没有真正地被接受。我更为高兴的是，不久前，我在古希腊一位伟大思想家的著作中读到了我的这种理论。我非常愿意放弃原创带来的声誉，以换得这样的一种肯定，尤其是就我早年广泛的阅读经验来看，我永远无法确定，我所认为的新创作是否真的不是我以往记忆的潜在影响❶。

阿克拉加斯（西西里语：Girgenti）❷ 的恩培多克勒（Empedocles），出生于公元前495年，是希腊文明史上最伟大、最卓越的人物之一。他拥有多元的个性，其活动范围也最具多样化。他是一位研究者和思想家，一位先知和魔法师，一位政治家、慈善家，一位拥有自然科学知识的医生。传说他曾使塞利农特（Selinunte）摆脱疟疾，当时的人们都推崇他如神祇。他的头脑似乎能把对比最强烈的事物结合在一起。他在物理和生理学方面的研究是严谨和清醒的，然而他并不畏惧神秘主义的晦涩，并以惊人的想象力和大胆建立了对宇宙的思考和推测。卡佩勒（Capelle）将他与“揭示了很多秘密❸”（to whom many a secret was revealed）的浮士德（Dr. Faust）相提并论。恩培多克勒出生在一个科学领域还没有划分成这么多分支的时代，他的一些理论不可避免地会让我们觉得有些原始。他用土、气、火、水四种元素的混合来解释事物的多样性。他认为自然万物都是有生命的，他相信灵魂的轮回。但其理论知识体系中也包括了一些现代

---

❶ 这方面的一些言论出现在弗洛伊德关于约瑟夫·波普尔·林克斯（Josef Popper-Lynkeus）的论文中（1923f，Standard Ed.，19，261 & 263）。

❷ 以下内容我是基于威廉·卡佩勒（Wilhelm Capelle，1935）的作品［西西里小镇通常被称为阿格里真托（Agrigentum）］。

❸ “*Dem gar manch Geheimnis wurde kund*”修改自浮士德的第一次演讲（Goethe. *Faust*，Part Ⅰ，Scene 1.）。

的思想，比如生物的逐渐进化、适者生存的法则，以及偶然性（τύχη）在这种进化中所扮演的角色。

但是，在恩培多克勒的理论中，特别值得我们注意的是一种与精神分析中的本能理论非常接近的理论。如果不是因为这位希腊哲学家的理论是一种对宇宙的幻想，而我们的理论是致力于宣称生物学的有效性，我们应该会倾向认为这两者是完全相同的。同时，恩培多克勒赋予宇宙和单个有机体同样的生命活力，这使得它们之间的差异变得没有那么重要了。

这位哲学家认为，有两个原则支配着宇宙生活和精神生活中的事件。这两个原则之间的战争从未停止过。他称之为 φιλία（爱，Love）和 νεῖκος（纷争，Strife）。这两种力量——他认为这是最根本的“自然力量，像本能一样运作，而且绝不是有意识目的的智能”[1]（其中一种是努力将四种元素的原始粒子凝聚成一个单一的整体，而另外一种则相反，力图解除所有的这些组成，让四种元素的原始粒子彼此分离）。恩培多克勒认为，宇宙是一个连续的、永不停息的周期交替的过程，其中这两种基本力的某一方会占上风。因此，有时候是爱实现其目的，主宰宇宙，有时候是纷争发挥其作用，支配宇宙。而之后，被击败的一方坚持自己的主张，又反过来击败对方。

恩培多克勒的这两个基本原则——爱和纷争——在名称和功能上都与我们的两种原初本能［**爱**（Eros）**本能**和**破坏性**（destructiveness）本能］相同。前者是努力把现有的东西结合成一个更大的统一体，而后者则是努力分解这些组合，并破坏它们所产生的结构。但是，我们发现，当这个理论在两千五百年后重新出现时，它的某些特征已经被改变，对此我们并不惊讶。除了生物物理领域强加于我们的限制之外，我们也不再将恩培多克勒的四个元素作为世间的基本物质。生命体与无生命体也有了明显的区别，我们不再考虑物质粒子的混合和分离，而是本能成分的融合和解离。此外，将我们的破坏性本能追溯到死亡本能，再进一步追溯到迫使生命体回归到无生命状态的驱力，我们为“纷争”原则找到了某种生物学的基础。这并非是否认类似的本能[2]早就已经存在，当然也不是主张这种本能只在生命出现时才形成。没

[1] 参见：Capelle，1935：186.

[2] 类似于死亡本能。

有人能够预见，恩培多克勒理论中所包含的真理的核心，将以何种面目呈现给后来的思考者们❶。

Ⅶ

1927年，费伦奇（Ferenczi）宣读了一篇关于分析终止问题的具有启发性的论文❷。在结尾处，这篇论文令人欣慰地保证："分析不是一个不可终结的过程，借由分析师足够的技术和耐心❸，分析可以自然而然地抵达一个终点。"然而，在我看来，这篇论文总体上是一种警告，其目的不是要缩短分析的时长，而是要对分析进行深化。而且费伦奇更进一步地提出了一个重要的观点，即分析的成功在很大程度上取决于分析师是否从自己的"错误和失误"中吸取了足够的教训，并克服了"自身人格的弱点"❹。这为我们的主题提供了重要补充。在影响到分析性治疗前景和像阻抗一样增加分析难度的因素中，不仅要考虑患者自我的特性，还要考虑分析师的个性。

毫无疑问的是，分析师自己的人格并没有总是达到他们期待在患者身上所能达到的心理常态的标准。精神分析的反对者们经常轻蔑地指出这一事实，并以此作为论证来表明分析工作是没用的。我们可能会因其提出的不合理要求而反驳这种批评。分析师只是学会了一门特定技艺的人；除此之外，他们也像其他人一样，是普通人。毕竟，没有人认为，如果一个医生的内脏器官不健康，他就不能治疗内科疾病；相反，我们可以说，一个本身就患肺结核的人，如果专攻这类疾病的治疗，可能会有一定的优势。但这个比喻也不是完全贴切的。一位医生只要有能力执业，就说明他所患的肺脏或心脏疾病不会妨碍他对内科疾病患者进行诊断或治疗。然而，鉴于分析工作的特殊性，分析师自身的缺陷

---

❶ 弗洛伊德死后出版的《精神分析纲要》（1940a［1938］：149）第二章的脚注中再次提到了恩培多克勒。弗洛伊德在写完这篇论文后不久，在写给玛丽·波拿巴公主的信中，对破坏性本能作了进一步评论。摘录自《文明及其不满》（*Civilization and Its Discountents*）（1930A，Standard Ed.，21，63）编辑所写的导言中。

❷ 这是1927年他在茵斯布鲁克举行的心理分析大会上阅读的论文，第二年发表。

❸ Ferenczi，1928；英文译本，1955：86.

❹ 见❸。

确实会干扰到他对分析结果作出正确的评估，并阻碍他以一种有用的方式对患者的状态作出反应。因此，作为分析师资格的一部分，期望分析师具有很高的心理正常度和正确性是合理的。此外，分析师还必须具备某种优势，以便在某些分析情境中他可以充当患者的榜样，而在另一些情境中他可以成为患者的老师。最后，我们绝不能忘记，分析关系是建立在对真理的热爱（对现实的认识）的基础之上的，它拒绝任何形式的虚假或欺骗。

在这里，我们稍作停顿，对于他们为了从事职业活动而必须要满足这些非常严格的要求，我们抱有诚挚的同情。看起来，分析工作似乎是第三种“不可能”的职业，从事这种职业，人们事先就知道结果不会令人满意。另外两种“不可能”的职业更为人们所熟知，是教育和政府工作[1]。显然，我们不能要求未来的分析师在从事分析工作之前就必须是完美的，或者说，只有具备如此高且罕见的完美品质的人才应该进入这个行业。但是，这些可怜的无名小卒要从哪里、要怎样才能获得从事这个职业所需要的理想资格呢？答案是，在针对自己的分析中，他开始为未来的工作做准备。由于实际的原因，这种分析只能是简短和不完整的。这种分析的主要目的，是使他的老师能够判断该候选人是否能够进行下一步的培训。如果自我分析能够使学习者坚定地相信潜意识（unconscious）的存在，如果自我分析能够让学习者在受压抑的材料浮现时感知到那些让他原先觉得不可思议的事情，如果自我分析向他展示了，这是分析工作中唯一的已被证明有效的技术，那自我分析的目标也就达到了。仅仅是这些可能还不足以对他进行充分的指导；但我们认为，他在自我分析中所受到的刺激不会因为分析的中止而停止，而会在被分析者身上自发地、持续地进行着对自我的重塑过程，并会把这一新获得的视角运用到后续所有的经验中。事实上，这些过程的确发生了。只要发生了，被分析者就有了成为分析师的资格。

不幸的是，同时发生的还有一些其他的事情。在试图描述这种情况时，我们只能凭借印象。一方面是敌意，另一方面是党派之争，这都导致了一种不利于客观调查的氛围。似乎许多分析师学会了使用防御机制，使他们能够将分析

[1] 弗洛伊德对艾奇霍恩（Aichhorn）的《任性的青年》（*Wayward Youth*）的评论中有类似的段落（Freud，1925f，Standard Ed.，19，273）。

的一些暗示和要求从他们自身转移出去（可能通过将它们投射给其他人的方式），以使得他们能够保持不变，并能从分析带来的批评和纠正（corrective）的影响中撤退出来。这样的事情可能印证了某位作家的话，他警告我们：当一个人被赋予权力时，他很难不滥用权力❶。当我们试图理解这一点时，我们不得不做一个令人不快的类比：这时候的分析师就好像是没有采取防护措施就操作X射线的人。如果分析师对人类思想中寻求自由的、被压抑的材料持续关注太久，这也会把分析师所有的本能需求搅动起来，对于这一点我们并不惊讶，如果不是这样的话，他的这些需求在平日里是能够被压抑住的。这些都是“分析的危险”，尽管它们威胁的不是分析情境中的被动部分，而是主动部分；我们不应该忽视它们，对它们视而不见。至于如何做到这一点，这是毫无疑问的。每个分析师都应该定期（大约每隔五年）接受自我分析，并且不会为这么做而感到羞耻。这就意味着，不仅是对病人的分析，分析师对自己的分析，也将从一项可终结的任务变成一项不可终结的任务。

然而，在这一点上，我们必须防止一种误解。我并不试图断言分析完全是一项不可终结的工作。无论人们对这个问题的理论态度如何，我认为，分析的终止是一个实践层面的问题。每一位有经验的分析师都能回忆起一些案例，在这些案例中，他与他的病人永久地告别了，祝愿一切顺利（*rebus bene gestis*❷）。在所谓的性格分析（character-analysis）中，理论与实践之间的差异更微小。在这种情况下，即使我们避免做任何夸大的预期，也不设置过多的分析任务，预见自然的结局也不容易。我们的目标不是为了一个图表式的“常态”而抹掉人性中的每一种特性，也不会要求被“彻底分析”的人再感受不到激情，不再产生内部冲突。分析的目的是为自我功能的发挥提供最佳的心理状态，这样，分析就完成了它的任务。

Ⅷ

在治疗性分析和性格分析中，我们注意到有两个特别突出的主题，给分

---

❶ 引自阿纳托尔·法朗士（Anatole France）所著的《天使的反叛》。

❷ 拉丁文：“一切顺利。”

析师带来了不寻常的麻烦。很快，这里涉及的一个普遍原则突显出来。这两个主题与两性之间的差异联系在一起：一个是男性特征，一个是女性特征。尽管它们内容不同，但它们之间有明显的对应关系。由于性别的差异，一些两性之间的共同点也被迫以不同的方式表达出来。

这两个对应的主题，在女性中是阴茎嫉羡（envy for the penis）——积极努力地拥有男性生殖器——在男性中则是抗拒对另一男性表现出被动的或女性化的态度。精神分析很早就指出了这两者的共同点并予以命名，认为它们是针对同一情结——“阉割情结”（castration complex）的两种态度。随后，阿尔弗雷德·阿德勒（Alfred Adler）将“男性抗议”（masculine protest）这一术语引入到当前的用法中。这个术语完全符合男性的情况；但我认为，从最初开始，“对女性气质的否定”（repudiation of femininity）是对人类精神生活中这一显著特征的准确描述。

在试图将这一因素引入我们的理论结构时，我们不能忽视这样一个事实：就其本质而言，这个因素无法在两性中占据同样的位置。对于男人来说，他们努力地想要获得男性气质，这从一开始就与他们的自我是完全协调的；而与之相对应的被动的态度（这里指女性气质——译者注），由于它是以接受阉割为前提的，所以它的能量是受到压抑的，通常只是以过度补偿的形式出现。对女人而言，努力地获得男性气质在某一特定的时期——女性气质发展之前的生殖器阶段——和她们的自我也是协调的。但随后，她们的男性气质就屈服于强大的压抑过程，正如我们通常看到的那样，压抑过程的结果就决定了一个女人女性气质的命运[1]。这在很大程度上取决于一个女人是否有足够多的男性气质成功地逃脱压抑，并对她的性格产生永久的影响。正常情况下，女性的大部分男性气质都需要被转化，并用于对她们女性特质的建构：希望拥有阴茎的愿望注定要转变为想要一个拥有阴茎的孩子或丈夫。然而，奇怪的是，我们经常发现，女性对男性气质的渴求一直被保留在潜意识中，处在压抑之外，产生令人不安的影响。

[1] 可参见：《女性性行为》（*Female Sexuality*）（1931b，Standard Ed.，21：229）。

从以上我所说的可以看出，无论是男人还是女人，对异性来说是正常的态度在他们身上却遭到了压抑。我已经在其他地方❶说过，是威廉·弗利斯(Wilhelm Fliess) 让我注意到了这一点。弗利斯倾向于把两性之间的对立看作是压抑的真正原因和原初动力。在此，我仅仅是重申一遍我当时不同意弗利斯观点时所说的话，即：我拒绝从生物学角度将压抑进行性别化，而不是从纯粹的心理学角度来进行解释。

这两个主题（女性对阴茎的渴望和男性对被动性的抵抗）的重要性并没有逃过费伦奇的眼睛。在 1927 年宣读的论文中，他提出了一个要求，即在每一次成功的分析中，这两种情结必须被掌控好❷。我想补充的是，从我自己的经验来看，我认为费伦奇在这方面的要求太过于理想化。在分析工作中，最痛苦的时刻莫过于，当我们试图说服一个女人，让她放弃她自己都无法意识到的她对阴茎的渴望，或是当我们想要说服一个男人，让他相信被动的态度并不总是意味着阉割，女性气质在生活的很多关系中都是必不可少的。这种受挫的痛苦比所有努力都白费还要郁闷，比怀疑自己是在“对牛弹琴”还要糟心。男性反叛式的过度补偿是最强的移情阻抗之一。他拒绝让自己屈从于一个父亲的替代品 (father-substitute)，也不会因为任何事情而觉得亏欠于他，因此，他拒绝接受医生带给他的康复。女性想要阴茎的愿望不会产生类似的移情，但这是她爆发严重抑郁症的根源，这是因为她内心有一个信念，觉得分析毫无用处，无法为她提供任何帮助。特别是当我们认识到，女性前来接受治疗，她最大的动机就是希望自己仍有可能获得一个男性器官（没有这个器官对她来说是那么的痛苦）时，我们也只好认同她的这种信念。

但我们也从中学到，阻抗以何种形式出现，它是否是一种移情，这都不重要。起决定性作用的仍然是，阻抗妨碍了任何变化的发生——一切都保持

---

❶ 《一个被打的小孩》(*A Child is being Beaten*)（1919e，Standard Ed.，17，200）（该论文中实际上没有提到弗利斯）。

❷ “……在和医生的关系中，每个男病人必须获得一种平等的感觉，作为他已经克服了其阉割焦虑的一种征兆；每一个女病人，如果认为自己的神经症已得到了充分处理，那么她应当已经消除了她的男性气质情结，并且应当在情感上接受了她被授予的女性角色，不带一丝怨恨。”[Ferenczi，1928，8（英文译本：第 84 页）]

原样。我们经常会有这样的印象，经由对阴茎的渴望和男性抗议带领我们穿透了心理的所有岩层，触及到了最底部的基石，似乎我们的活动也到达了终点。可能真是如此，因为在精神领域中，生物学领域确实起着潜在的基石的作用。对女性气质的否定只不过是生物学上的事实，只是性这个伟大谜题的一部分❶。在分析性治疗中，很难说我们是否，以及何时成功地掌握了这个因素。我们只能安慰自己，我们确信自己已经竭尽所能，鼓励被分析者重新审视和修正他对女性气质的态度。

---

❶ 我们不能被“男性抗议”（masculine protest）这个术语误导，认为男人所要否认的是他被动的态度——这可能会被认为是女性气质的社会属性。与这种观点相悖的事实是，我们很容易观察到这样的男人经常对女人表现出一种受虐的态度——一种屈服的姿态。他们反抗的不是通常意义上的被动，而是拒绝在男性面前呈现出被动的姿态。也就是说，“男性抗议”实际上就是阉割焦虑。[男人在性关系中的“屈服”状态已经在弗洛伊德的论文《对贞操的禁忌》（*the Taboo of Virginity*）（1918a，Standard Ed.，11：194）中有所提及。]

第二部分

关于《可终结与不可终结的分析》的讨论

以一个新视角看弗洛伊德的《可终结与不可终结的分析》

雅各布·A. 阿洛（Jacob A. Arlow）[1]

重读弗洛伊德的《可终结与不可终结的分析》，并从我们当前的角度来审视这篇论文中所提出的诸多重要的问题，难以想象还有比这更刺激或更发人深省的精神分析体验了。直到今天，弗洛伊德提出的问题仍然是精神分析争论的基础。他给出的一些答案似乎已经过时，有的显然是不正确的，而另一些答案则具有深刻的洞察力，预测了精神分析技术的主要发展方向。

我们应该记得，就在弗洛伊德写这篇论文的几年前，他以一种激进的方式修正了其心理结构的概念。他不再试图以地形学模型为主导来理解心理现象，而是倾向于结构模型，强调在头脑中持久的、有组织的驱力之间的互动。地形学模型强调的是被压抑在潜意识系统中的内容的致病性，而结构模型强调的是内部心理冲突的角色和妥协的形成。显然，对弗洛伊德来说，在他生命的最后阶段，要与他多年以来卓有成就的概念模型彻底决裂，这是非常不容易的。例如，在《自我与本我》（Freud，1923）中，他指出，从今以后，他将以一种纯粹描述性而非系统性的方式使用意识（coscious）和潜意识（unconscious）这两个术语。然而，在《精神分析概要》（Freud，1940）中，他又回到了对潜意识（Ucs.）、前意识（Pcs.）和知觉-意识（Pcpt.-Cs.）系统特征的讨论。再次审视《可终结与不可终结的分析》这篇论文时，观察这两个不同的框架和参照系中的概念如何被同时使用（有时

[1] 雅各布·A. 阿洛：美国纽约大学医学院精神病学临床教授，纽约精神分析学会、纽约精神分析协会的会员，精神分析医学协会的荣誉会员。同时他也是美国精神分析协会的前任主席，也是《精神分析季刊》（*Psychoanalytic Association*）的前任主编。

还相互矛盾），这非常有趣，也很有启发性。

在本质上，《可终结与不可终结的分析》是一篇关于精神分析技术的论文。弗洛伊德问道：我们怎样才能使分析的过程更短？如何才能让它更有效？我们是否能够保护被分析者免于疾病的复发？有没有可能让被分析者对心理疾病获得一般意义上的免疫？很明显，在解决这些问题之前，我们必须弄清楚病理过程的本质是什么。任何技术的基本原理都必然与如何纠正病理过程及其影响有关。正是在这一点上，概念模型变得很重要。在地形学理论中，潜意识系统是本能驱力的巨大蓄水池或容器。根据这一理论，当本能驱力的释放因压抑而被阻碍时，心理疾病就会随之而来。从这个构想的过程中，我们可以看到构建一个“真实存在的”的病理学理论会带来一系列的影响，对技术的启示也随之而来。治疗技术的目标就变为了对压抑进行移除。具体的结果就是让患者重新回忆起一个之前已经被遗忘掉的事件。

弗洛伊德非常明确地阐述了这一点。在讨论一个人变得“被完全地分析”的可能性时，弗洛伊德说：“这仿佛是说，我们可以通过分析达到一个绝对的心理正常的水平——并有信心在这个水平上保持自己状态的稳定，又或者，这似乎是说我们已经成功地解除了患者的每一处压抑，并填补了他记忆中的所有空缺。”（Freud，1937：219-220）（着重部分由本文作者添加）在其他地方，弗洛伊德（Freud，1937：227）说：“因此，分析治疗的真正成就在于对原始压抑过程进行修正，这一修正将会结束定量因素的主导地位。”在实际的操作中，正如弗洛伊德在《分析中的建构》（Freud，1937）中所指出的，这几乎从未发生过，所以有必要将个人历史中缺失的环节进行连接或“重建”。例如，有几位学者（Esman，1973；Arlow，1978；Blum，1979）注意到，哪怕是进行了令人信服的重建，并有出色的治疗效果，长期和反复暴露在原初场景（primal scene）中的患者也不会恢复记忆。换句话说，消除压抑，遗忘的记忆重新被回想起来，这本身并不是精神分析的最佳技术。

在治疗过程中专注于消除压抑，弗洛伊德对防御机制的作用得出了某些结论，而这些结论在许多方面与我们目前的观点背道而驰。他（Freud，1937：238）说：“成人的自我，随着其力量的增强，继续捍卫着自己免受现实中其实早已不再存在的危险；事实确实是这样，自我不得不从现实中找出一些情境，来作为原初危险的近似替代品，这样就能够证明它维持惯用的反应模式是合理的。由此，我们不难理解，防御机制是如何使得自我日益广泛地与外界疏远，不断地削弱自我，并促使神经症的爆发，为其铺平道路的。”在同一章节的后面，弗洛伊德补充道：“问题的棘手之处在于，先前用于抵御危险的防御机制会在治疗中重现，并转化为对康复的阻抗（resistances）。由此，自我将康复本身视为了一种新的危险。”（着重点为原文强调）

然而，它与“自我是寻求适应的机构”（Hartmann，1939）这一概念背道而驰，它假设自我会不断地寻找近似的新情境来替代原初的危险情境，以便合理化地维持病理性的防御机制。从以下角度来看这种情境更符合临床经验：由于潜意识幻想和愿望的持续影响，现实往往会被误解、曲解，并根据这些潜意识幻想作出“误判”。因此，病人对外部环境的反应，是根据他的潜意识幻想来判定他的反应是不是适当。例如，对于一些恐惧症的患者来说，进入隧道似乎是一件很危险的事情，因为在潜意识层面，他是在对进入母亲的身体这一幻想作出反应，在这种幻想中潜伏着一个危险的对手，随时准备摧毁他。现实中的情景如果以某种方式与潜意识幻想相似，或者令人想起创伤性的事件，这通常会唤起和重新激活与之相关的这些幻想和冲突性愿望，从而也唤起了对与这些愿望相关的危险进行防御的需要（Arlow，1969）。只有从最表面的、现象学的观点来看，才能说自我把康复本身当作一种新的危险。在自我的潜意识部分，是自我受到了本我冲动的衍生物的威胁，才发出了防御活动的信号。

弗洛伊德的这些想法来源于他当时强调回想（recollection）在治疗过程中具有非常重要的作用。几乎是同样的思路，弗洛伊德把移情视为一种阻抗。在移情中，强迫性重复取代了回想，从这一点来看，弗洛伊德是对的。移情是对重新记起（remembering）的一种阻抗。然而，与此同时，移情确实推进了分析的进程。实际上，移情就是自我进行妥协的一个例子，它是潜意识的本能冲突在动态变化过程中的衍生物。移情允许一定数量的本能得到释放和获得满足，但它是通过从原初客体（primary object）置换到分析师、从过去置换到现在这一过程来实现的。和症状、梦或幻觉一样，移情是对持续的、冲突的、潜意识的幻想的扭曲表现。对移情的分析，就像对防御的分析一样，其目的是将潜意识愿望不同层级的衍生物进行清晰地表达。

从结构理论的角度来看，核心的技术问题不在于发现被压抑的东西，也不在于防御机制的病理机制，而是在于对自我产生的妥协方式进行分析（Brenner，1976）。有一些妥协的形成是具有适应性的、有效的，有的则是无效的、病理性的。关键是要成功地、充分地解决冲突，而不是恢复被压抑的记忆。对本我中愿望的分析与对自我的防御的分析在治疗中同样重要，从根本上来说后者并不从属于前者。弗洛伊德把精神分析技术比作钟摆的摆动——首先分析一点本我的一部分，然后再分析一点自我的防御——这表明他越来越关注冲突的作用，并认识到自我进行适当妥协是改善的关键。例如，他提出了一个观点，即只有当个案的病因“是以创伤为主导”，分析“才能成功地完成它最擅长的工作”，“只有在这个时候，因为患者的自我功能已经得到了加强，患者才能用正确的解决方案去替换掉他在早期生活中所作出的错误决定”（Freud，1937：220）（着重部分由本文作者添加）。他说，实际上，分析疗法努力地“用可信赖的自我调控来取代危险的压抑机制”，尽管它并不“总能最大程度地实现［那个］目标”（Freud，1937：229）。

在弗洛伊德关于“为什么分析需要这么长的时间”以及“为什么结果经常达不到我们的期望”的讨论中，他反复强调他所称为的量化因素（也即，本能驱力的力量和对自我进行改变的阻抗的力量）。在这两种情况下，他强调的都是先天性的因素。他对防御的描述引申出了自我具有原初的先天性差异的想法。他说，每个个体都只在众多防御机制的选项中选择某几个机制，并且总是使用他所选择的那几个机制。事实上，情况并非如此。的确，在症状形成的过程中，歇斯底里症的患者会倾向选择压抑、转换、置换和回避等防御机制。类似地，强迫性神经症患者更倾向于选择隔离、反向形成（reaction formation）、撤销和合理化。然而，正如布伦纳（Brenner，1981）已经清楚地表明，在所有的病人和所有的个体中，人们可以观察到自我在进行各种妥协的过程中对心理机制进行了非常广泛的运用。这些机制也不是专门用于防御目的，它们可能被用来促进驱力的满足或自我惩罚倾向。因此，布伦纳提出，将这些心理现象简单地称为“心理机制”，而非防御机制，才是更加准确的。此外，有相当多的临床证据表明，优先使用某种特定的防御机制可能会形成特定的客体关系与认同（Arlow，1952；Hartmann，1953；Wangh，1959），而不是某种先天倾向的作用，这对于经验的成长来说也是如此。

在试图解释“为什么分析会如此频繁地实现不了其治疗目标”时，弗洛伊德运用到了不同层面的理论和概念。例如，关于“力比多黏滞性”（stickiness of the libido）或“自由攻击的总量”（amount of free aggression）的解释是属于元心理学的范畴（Waelder，1962）。其他的解释是在临床层面进行的，比如潜意识的内疚感会导致个体去寻求惩罚。当这些解释被具体应用到每个个案时，我们很难确定元心理学解释的有效性。但基于临床理论的解释却不是这样。自从《可终结与不可终结的分析》发表后，人们对延长治疗的时间并破坏治疗效果的各种临床因素有了更多的了解，特别是对移情的了解。

对病人来说，终止阶段往往代表着被压抑的潜意识愿望能被实现的最后机会，当初他正是带着这些潜意识的愿望进入分析的（Nunberg，1926）。许多分析师认为，终止阶段的特征必然是进入哀悼期，因为它意味着很多基本移情的重演。它反映了童年分离经历的变迁。通常情况下这是对的，但也并不总是如此。在各个发展阶段中，未解决的本能的和自恋的愿望都可能会悄悄地挫败治疗过程。例如，有这样一类人，他们通常在35～40岁的时候寻求治疗，他们有轻微的抑郁情绪，他们的抱怨很含糊且不符合任何现有的易识别的症状特征。他们可能会顺便提到，他们对自己感到失望，因为他们没有充分地发挥自己的潜力，或者说，他们有一些内在的天赋或才能必须通过治疗才能得以施展。事实往往证明，这些病人对夸大的自我形象抱有渴望，对他们来说，分析是能够让他们实现转化愿望最后的魔法工具（Reich，1953）。如果达不到目标，他们觉得是分析得不够深入，或者是分析师能力不够。他们认为，换一个分析师可能会更好。

还有一些患者对分析抱有一些其他不切实际的期望，他们顽固地拒绝放弃这些期望。一些女性（男性也一样）不仅仅是希望获得父性的阳具，他们想要的是全世界最大、最宏伟的那个阳具，只有在现实生活中取得卓越的成就，才能满足他们。有时，这样的幻想与分析情境有着特定的关系。奥伦斯

（Orens，1955）描述了一个不想离开治疗的病人，尽管她在克服其困难方面取得了非常大的进步。事实证明，这名患者真的想永远留在分析中，因为对她来说，在分析中就跟怀孕一样，咨询室构成了子宫，她就是被容纳在其中的婴儿/阴茎。她幻想着永远怀孕，在她的潜意识中，只要她还在接受分析，她就一直拥有阴茎。

施密德伯格（Schmideberg，1938）描述了分析师和被分析者，在潜意识层面，如何被他们关于个体在治疗结束时应该如何的全能预期所引导。他们期望被"充分分析"的人永远不会有冲突、对焦虑免疫，等等。施密德伯格指出，这样的描述是一个小孩对于长大意味着什么的表达。一个病人戏剧性地向我证明了这一点，当我出现口误的时候，她变得很沮丧。如果我，一个想必是被"充分分析"的人，都不能完全做到自我控制，那我怎么能帮助她实现这一目标呢？这让她想起了小时候尿床的经历，以及她最近在一个很优雅的晚宴上有多么的羞耻，有人叫她倒茶，但因为壶嘴坏了，茶流得到处都是。

还应提到的是，有一类特定的移情幻想，它们往往被搁置了一段时间，然后出现在终止阶段或分析结束后不久。由于这未分析的移情的残留，患者可能会感到某些不适，并重新回来接受咨询或治疗，这就在潜意识层面对分析的结束进行了隔离。例如，一位外科医生的儿子，因为他是这个新英格兰小镇上唯一的犹太人而遭到戏弄。他的朋友和同学嘲笑他割过包皮的阴茎，这让他感到羞辱。分析结束后不久，他又回来了，他抱怨说他有些抑郁，并且因分析没有给他带来他所期望的东西而感到很失望。进一步的分析揭示了一个很有趣的幻想。他想象，在整个分析过程中，我把他付给我的所有钱都放进了我办公室的保险箱里。他期望，在分析结束时，我会把钱从保险箱里拿出来，再还给他。这背后是一个潜意识的幻想，他幻想分析师将使他的包皮恢复原状。

分析结束后可能发生什么，哪怕是对此最不起眼的表述，也值得在终止阶段给予最密切的关注。患者会经常设想最后的告辞是什么样，并提出他们是否可以和分析师建立一种友好的或私人的关系：也许他们会在街上或在一些社交聚会上遇到分析师；分析师是否会接受晚餐的邀请，等等。针对病人有关"分析结束后"幻想的分析技术，可以写成一整章的内容。许多隐藏的移情愿望会在这个看似无关的情境中浮出水面，因为在分析结束之后，与职业性关系相关的禁忌就不再适用了。这些愿望类似于某些宗教信徒的想法，他们希望在来世实现他们在地球上不可能实现的事情。有些病人会以分析师是一个“新客体”，或者还没有做好离开的准备等理由，不愿意与分析师分离，或者与分析师纠缠，对此明智的建议是，在轻易地接受这些之前，仔细地审视病人关于“分析结束后的生活会是什么样”的想法，以及这些想法背后隐藏着什么东西。

最后，当然，一些对现实的失望和命运不公所持有的愿望，应该在分析中得到纠正——身体有残缺的人想要获得彻底的重生、希望已经去世的父母重新回来、对缺席的父母进行报复——这一类都是弗洛伊德（Freud，1916）所描述的“例外情况”。换句话说，在诉诸诸如“力比多黏滞性”或“自我的先天性不足”等概念之前，我们应该更多地关注个人生活中对本能的发展变迁和自我的成长产生影响的经验性因素，因为它们会影响到神经症过程的本质和移情的特征。

治疗所能达到的限度不仅是精神分析所固有的，也是人类境况的本质所固有的。精神分析不能创造一个“完美”的人，也不能使人对潜在的神经症具有免疫力。它甚至不能保证一个曾经被成功分析过的人，其神经症永远不会复发。冲突是关于存在的一个不可避免和无法回避的维度。正如弗洛伊德所说，命运可能会善待一个人，使他免受难以驾驭的严酷考验。事实上，适应能力是有限度的。人的自我能力是在“一般可预期的环境”（Hartmann，1950）中进化而来的，并且仅在与这样的设定相一致的情况下运行。

精神分析的情境，是精神分析基础的研究和治疗工具，是为了对内在心理冲突进行持续、动态的记录而专门设计的（Freud，1925）。人对心灵中潜意识元素的影响进行的解释，是对冲突的驱力之间的相互作用进行概念化而得来的推论，并由病人联想的性质和模式所支撑。就其方法论的本质来说，精神分析只能处理当前活跃的冲突，它们以各种衍生物的形式出现在意识中。潜在的冲突是一种假想的可能性，我们从对心理发展变迁的了解中推断出这种可能性。在其他因素中，足够严重的或具有特殊性质的外部事件可能有能力破坏先前有效的妥协方式，它在掌控先前的冲突方面被证明是令人满意的。这样的话，基于在正常发展过程中曾经被偶然掌控得很好的冲突也会被唤起，那么之前已经取得成功的分析，它的有效成果也可能被破坏，或者一种新形式的神经症可能随之而来［正是针对这些问题，哈特曼（Hartmann，1955）提出了本能的中性化、去中性化，以及自我力量的概念，并用对自我功能的再本能化（reinstinctualization）的阻抗来进行衡量］。

在对未来的神经症疾病进行预防性免疫的概念背后，是对永恒的幸福和完美的虚幻而神奇地追求，这是我们从未完全屈服的早期自恋的碎片。一些精神分析流派思想似乎确实表明，这样的目标是可以实现的。这对于那些淡化冲突在发病机制中的作用，而倾向于心理发展的变迁和客体关系的人来说，可能是这样。如果母亲的做法得当，如果客体关系是真正富有同理心的，事情会变得多么的不同！这样的思考在逻辑上会影响分析师在精神分析过程中对待病人的方式。弗里德曼（Friedman，1978）将这些分析师的技术描述为一种替代疗法，即试图重建和改善生命最初几年的母子关系。通过让分析师适当地扮演母亲的角色，治疗就成为了在更有利的条件下对心理发展的重演。在这个全新的心理发展体验中，随着坏妈妈被好分析师取代，在错误的发展中产生的病理性结构就可以被消除。据推测，这会使得心理结构，经由与治疗师之间适当的、具备同理心的情感关系，在一种新的发展过程中进行重组。弗里德曼认为，这种方法隐含的观念是，如果不受到“不那么足够好”的母亲的有害入侵的干扰，成长是一种自发的非结构化的现象。这种想法的结果之一可能使得治疗目标在本质上变得相当虚幻，例如，实现超我的功能，使之绝对理性，完全由次级过程思维主导，或是由同样虚幻的信念主导，认为一种成熟的、真正充满爱的客体关系是不容置疑的。

正如弗洛伊德所指出的，精神分析对心理卫生的预防作用是有限的。生活使得我们不可能以完美的方式抚养孩子，即使在最好的情况下，也不能对将来有可能出现的神经症问题签发一次性的保证书。到目前为止，我们一直在强调外部事件如何破坏心理平衡状态，这种平衡是由自我进行适当妥协而获得的。在经验的正常范围内，个体的作用，特别是其幻想生活所起的作用，在发病过程中与外界因素是同等重要的。这反映在精神分析的创伤概念中。除了远远超出一般可预期环境的那些极端的虐待情况外，创伤并不仅仅存在于外部事件中。例如，所有在生命的第一年或第二年失去父亲或母亲的儿童，他们并不会以同样的方式作出反应。像其他事件一样，失去父母中一方，这也代表着一种适应性的挑战，其本身并不是致病性的。一个经历是否被证明是创伤性的，取决于这个个体是否能获得令人满意的适应能力，即是否有能力将该经历所产生的冲突因素整合为一次成功的妥协。

有些分析师把他们对人性的看法集中在冲突的不可阻挡和普遍存在的本质上，对于我们能对分析抱有何种期望这一问题，我认为他们往往比其他人拥有更现实的观点。他们愿意满足于更低的期待。在《可终结与不可终结的分析》中，这似乎是弗洛伊德最终得出的结论。在这篇论文中，他（Freud，1937：250）说："我们的目标不是为了一个图表式的'常态'而抹掉人性中的每一种特性，也不会要求被'彻底分析'的人再感受不到激情，不再产生内部冲突。分析的目的是为自我功能的发挥提供最佳的心理状态，这样，分析就完成了它的任务。"换句话说，分析的目标是在人类头脑中的冲突的各种力量之间进行最可行的妥协。

在某些方面，当今关于分析技术的观点与弗洛伊德在这篇 1937 年的论文中所持的观点大相径庭。这一点在被分析者对分析师的态度所起的作用方面尤其如此，也就是说，被分析者对分析师的移情感受是积极的还是消极的。弗洛伊德说，当病人的冲突重新被激活时，他会产生不愉快的感受，负性移情（negative transference）就会出现，并会使病人退出合作，而合作是维持精神分析情境所必需的。病人拒绝倾听，分析师针对他进行的解释对他也没有任何影响。弗洛伊德在这里重新使用了他早期概念中的一个，关于正性移情（positive transference）和负性移情与治疗技术之间的关系。他在有关于治疗技术的论文中劝说到，解释只应在正性移情阶段进行，因为那样的话，病人就会倾向于接受分析师的解释，而在负性移情阶段，病人会拒绝分析师的解释。

这一点还没有得到经验的证实。首先，正如弗洛伊德本人在其他场合所说的，病人接受还是拒绝分析师给出的解释是无关紧要的。重要的是解释所产生的动态效果。患者可能会拒绝分析师提供的一些见解，但随后又会给出一些对其进行确认的材料。在这种情况下，我们是否可以说，最初的拒绝是负性移情，而随后产生的确认材料则构成了正性移情？如果我们把移情看作是特定潜意识幻想的愿望之载体，如果它们代表着自我对持久的潜意识幻想的衍生物所做的妥协，那么正性或负性移情的整个概念就无关紧要了。事实上，“正性移情”和“负性移情”这两个术语似乎已经过时，应该被抛弃。然而，在患者对分析师感到不友好或有敌意的这段时期内出现的材料，可能是加深对病人冲突的了解和推进治疗工作的基础。所谓的正性移情可能相当具有欺骗性，甚至比某些所谓的负性移情能更有效地达到阻抗目的。在意识层面，带有情感地给病人的反应贴标签，使得分析的意义偏向于表面现象，这可能主要是为了防御。克里斯（Kris，1956）在他的研究《论精神分析中顿悟的变迁》（*On the Vicissitudes of Insight in Psycho-analysis*）中已经证明了分析的意义具有很大幅度的变化性，这可能与患者相对于分析师的行为有关。

最后，我想评论一下重读弗洛伊德论文的另一个方面，我相信许多同事都会对此有同感。无论我们多么频繁地回到这些源头，我们总是会发现一些新的和惊人的东西，以及一些甚至在我们没有意识到的时候就已经影响了我们分析思维的东西。弗洛伊德注意到，为了维持分析的情境，对于精神分析师来说，他有必要与被治疗者的自我进行结盟，从而控制他本我中不受控制的部分。当然，这对精神病患者是不可能的，他们没有正常的自我。弗洛伊德（Freud，1937：235）接着说：“如果我们希望能够与患者的自我达成这样的契约，那么患者的自我必须是正常的。但这种正常的自我，就像通常意义上的常态一样，是一种理想的虚构。不幸的是，对于我们的目的而言不正常的自我是不可用的，这一点却不是虚构的。**每一个正常的人，实际上只是平均意义上的正常。他的自我在某些部分或某种程度上或多或少地接近于精神病患者的自我。**在这个序列上，自我远离该序列一端的距离，以及自我接近另一端的距离，则给我们提供了一个临时的标尺，用来衡量被我们模糊定义的‘自我的改变’。”（着重部分由本文作者添加）

在之前的一篇文章（Arlow & Brenner，1969）中，布伦纳和我提出，在精神分析中，与其有两个独立的理论，一个用于神经症，另一个用于精神病，我们不如用结构理论来涵盖精神疾病的病理学。精神病的症状可以从冲突、防御和妥协的形成这些方面来理解。我们认为，从精神病案例的严重患病情况到神经症患者和所谓的正常人相对轻微的紊乱，他们都存在着一系列互相补充的、各种各样的困扰，反映了自我无法充分地解决冲突。精神病的精神病理学——不是病因学——的问题在于虚弱的自我无法成功地面对过于强大的驱力力量。病因学上的考虑——自我是如何变得如此脆弱的，而驱力又是如何变得如此强大的——仍然难以捉摸。我们的想法扩展了上一段所引用的弗洛伊德在《可终结与不可终结的分析》中所表达的观点。

弗洛伊德在这篇论文中提出了许多问题，比如关于分析师角色、他的人格特质和他所采用的技术，这些都关系到治疗工作的结果。诸如反移情、共情、精神分析教育，以及分析师作为一个认同的榜样，这些问题必须留待以后考虑。这篇论文所蕴含的思想财富取之不尽，用之不竭。

参考文献

Arlow, J.A. 1952. Discussion of Dr. Fromm-Reichmann's paper, Some aspects of psychoanalytic psychotherapy with schizophrenics. In *Psychotherapy with schizophrenics*. Edited by E. B. Brody and F. C. Redlich, 112–20. New York: International Universities Press.

———. 1969. Unconscious fantasy and disturbances of conscious experience. *Psychoanal. Q.* 38:1–27.

———. 1978. Pyromania and the primal scene: A psychoanalytic comment on the work of Yukio Mishima. *Psychoanal. Q.* 47:24–51.

Arlow, J.A., and Brenner, C., 1969. The psychopathology of the psychoses: A proposed revision. *Int. J. Psycho-Anal.* 50:5–14.

Blum, H. P. 1979. On the concept and consequences of the primal scene. *Psychoanal. Q.* 48:27–47.

Brenner, C. 1976. *Psychoanalytic techniques and psychic conflict*. New York: International Universities Press.

———. 1981. Defense and defense mechanisms. *Psychoanal. Q.* 50:557–69.

Esman, A. H. 1973. The primal scene: A review and a reconsideration. *Psychoanalytic Study of the Child* 28:49–81. New Haven and London: Yale University Press.

Freud, S. 1916. Some character-types met with in psycho-analytic work. *S.E.* 14:311–31.

———. 1923. *The ego and the id*. *S.E.* 19:1–59.

———. 1925. *An autobiographical study*. *S.E.* 20:3–70.

———. 1937. Constructions in analysis. *S.E.* 23:255–69.

———. 1940. *An outline of psycho-analysis*. *S.E.* 23:141–207.

Friedman, L. 1978. Trends in the psychoanalytic theory of treatment. *Psychoanal. Q.* 47:524–67.

Hartmann, H. 1939. *Ego psychology and the problem of adaptation*. New York: International Universities Press, 1958.

———. 1950. Comments on the psychoanalytic theory of the ego. In *Essays on Ego Psychology*, 113–41. New York: International Universities Press, 1964.

———. 1953. Contribution to the metapsychology of schizophrenia. *Psychoanalytic Study of the Child*.8:177–98. New York: International Universities Press.

———. 1955. Notes on the theory of sublimation. *Psychoanalytic Study of the Child*.10:9–29. New York: International Universities Press.

Kris, E. 1956. On some vicissitudes of insight in psycho-analysis. *Int. J. Psycho-Anal*. 37:445–55.

Nunberg, H. 1926. The will to recovery. In *Practice and theory of psychoanalysis: a collection of essays*, 75–88. New York: Nervous and Mental Disease Publishing Company, 1948.

Orens, M. 1955. Setting a termination date—an impetus to analysis. *J. Amer. Psychoanal. Assn*. 3:651–65.

Reich, A. 1953. Narcissistic object choice in women. *J. Amer. Psychoanal. Assn*. 1:22–44.

Schmideberg, M. 1938. After the analysis . . . *Psychoanal. Q*. 7:122–42.

Waelder, R. 1962. Psychoanalysis, scientific method and philosophy: A review. *J. Amer. Psychoanal. Assn*. 10:617–37.

Wangh, M. 1959. Structural determinants of phobia: A clinical study. *J. Amer. Psychoanal. Assn*. 7:675–95.

有限的和无限的分析

哈拉尔德·勒波尔德·洛温塔尔（Harald Leupold-Löwenthal）[1]

“你不认识我，也不认识你，不认识生，也不认识死。”

——《恩培多克勒之死》[荷尔德林（Hölderlin）]

在欧内斯特·琼斯（Jones，1940）对弗洛伊德《摩西》的笔记中，他写到，有人曾经说过，就像贝多芬的交响乐一样，弗洛伊德的作品对观众的态度往往是交替变化的。像在《超越快乐原则》这样的作品中，弗洛伊德似乎主要是为自己而写，他大胆地认为：“读者可以从正在进行的令人印象深刻的思考过程中提取他们所能提取的内容，他们对此必须感到满足，并对给予他们的特殊待遇表示感激。”读者的获益与他们所付出的努力成正比；弗洛伊德迫使读者亲自加入到这场思想的斗争之中。但在其他作品中，他又是一位才华横溢的老师，他会预见到哪里会有争议和困难，并帮助读者。

弗洛伊德的许多著作都与《超越快乐原则》属于同一类型。对于他的这类著作，不仅是当代的精神分析师，后世的精神分析师的反应也大有不同，有的人彻底拒绝，有的人对它们进行完全的重新解读。后者的例子经常出现在专题讨论会，以及标题里包含“十年”或“二十年”（甚至更久），或“之后”这些字眼的论文中——比如，《三个火枪手》的续集。

《可终结与不可终结的分析》（*Die Endliche und Die Unendliche Analy-*

---

[1] 哈拉尔德·勒波尔德·洛温塔尔：奥地利维也纳大学的大学讲师，维也纳西格蒙德·弗洛伊德学会主席，维也纳精神分析学会的培训和督导分析师。

se）发表于 1937 年《国际精神分析》（*Internationale Zeitschrift für Psychoanalyse*）的第 2 期。同年，琼・里维埃（Joan Riviere）的英译本出现在《国际心理分析杂志》（*International Journal of Psycho-Analysis*）的第 4 期上，标题为"*Analysis Terminable and Interminable*"。在这篇论文中，在讨论个体分析的结束阶段时，弗洛伊德对分析时长的增加及其结果和疗效表示怀疑。在《标准版》的评论中，詹姆斯・史崔齐（James Stra-chey）指出，这篇论文，以及后续的《分析中的建构》（*Constructions in Analysis*）（Freud，1937a），是弗洛伊德生前最后的严格意义上的精神分析文章。当然，他在其他著作中也有涉及分析技术，但自从他出版一本纯技术性的著作以来，已经过去了将近二十年。即使是史崔齐也不可避免地觉察到了弗洛伊德的悲观主义，特别是在精神分析的治疗效果方面。然而，他强调，弗洛伊德把他的注意力更多地转向精神分析的非治疗方面，特别是在他生命的最后几年："因此，在这篇关于精神分析在治疗方面的野心，或列举分析面临的困难的文章中，弗洛伊德所表现出来的冷静态度，并不出人意料。" 但他发现，弗洛伊德对这些困难的根本性质和原因的研究有些令人惊讶的特点。

海伦妮・多伊奇（Helene Deutsch）在《直面自我》（*Confrontations with Myself*）中描述了类似的事情："晚年，弗洛伊德转向了精神分析的哲学、沉思方面[1]，进而鼓励其他人进行沉思。"然而，这绝不是多伊奇所希望的："在回顾的时候，弗洛伊德动情地说，'有那么一小段时间，我让自己离开了直接经验的避风港而转向了沉思。我非常遗憾，因为这样做的后果似乎不是最好的'。"

1936 年 5 月 5 日，在弗洛伊德 80 岁生日前夕，欧内斯特・琼斯（Jones，1936a）在于伯加斯 7 号举行的维也纳精神分析学会新址启用的仪式上发表讲话，他明确表示，他并不期待在技术上有太多创新："如果在不久的将来，因为某一项伟大的发现而给我们带来了技术上革命性的变化，我会感到惊讶。至少我目前没有看到任何这种迹象。我所期待的是在彻底性、更高的精确性方面取得稳步的进展，进而带来比我们现在更多的

---

[1] 例如，西格蒙德・弗洛伊德的《文明及其不满》，由詹姆斯・史崔齐翻译（New York：W. W. Norton，1962）。

确定性。”

我们没有（已出版的）文献证明弗洛伊德本人对《可终结与不可终结的分析》一文的重视。毕竟，在写这篇文章的时候，以及在此之前的一年，弗洛伊德主要忙于撰写《摩西与一神论》一书。因此，他在 1937 年 3 月 27 日给奥斯卡·菲斯特（Oskar Pfister）的信中写道：“事实上，我不应该因为没有写任何东西而受到你的责备。我已经完成了一篇关于一些重大议题的长论文，但由于外部因素，或者更确切地说是危险，它不能发表。这篇又是关于宗教的，所以这篇也不会令你高兴。因此，只有少数几页可以用于《精神分析年鉴》和《美国意象》（*American Imago*）。”

1937 年 2 月 5 日，弗洛伊德给马克斯·爱丁根（Max Eitingon）写了一封类似的信：“我从最近的伤痛中恢复过来了，并且又能适量抽烟了，我甚至又开始写作了。有一件小事，从《摩西》[你和阿诺德·茨威格（Arnold Zweig）都知道] 中分离出来的一个片段已经完成了。当然，与之相关的更重要的事情必须保持缄默。我实际的分析工作减少了，有一篇简短的技术论文正在慢慢成形，这可以让我许多的空闲时间变得充实。”欧内斯特·琼斯（Ernest Jones，1962）认为这篇文章一定是《可终结与不可终结的分析》，而厄恩斯特·弗洛伊德（Ernst Freud，1961）认为它是《分析中的建构》。弗洛伊德提到的《精神分析年鉴》和《美国意象》表明琼斯是对的，《1938 年精神分析年鉴》中有一段来自《可终结与不可终结的分析》的简短摘录。

在 1936，弗洛伊德要庆祝他 80 岁生日，他需要进一步手术（组织解剖学检测再次发现了癌细胞的存在），还有他的金婚。所有的这一切，加上政治事件对他生活和工作所造成的日益严重的威胁激起了弗洛伊德的情绪。这些情绪在他写给阿诺德·茨威格的一封信中有所反映：“时代的氛围，以及国际精神分析协会内部发生的事情，都无法让我们感到高兴。奥地利似乎决心成为国家社会主义者。命运似乎在与那帮人合谋。我以更少的遗憾等待着帷幕为我而落下。”这封信的日期是 1936 年 6 月 22 日，紧接着在 1937 年 4 月 2 日的一封信中，弗洛伊德描述了另一种困扰他一生的焦虑：“正如你所知道的，我的生命将于 11 月耗尽。我希望我能够活到那时候，但我真的不想再往后拖延了。因为我们周围的一切都变得越来越黑暗、越来越糟糕，我也越来越迫切地觉察到自己的无助。”

欧内斯特·琼斯在《弗洛伊德传记》中写道：“尽管身体状况令人沮丧，弗洛伊德还是在 1937 年完成了一些作品。”他认为《可终结与不可终结的分析》可能是弗洛伊德写过的，对执业的分析师最有价值的贡献。尽管如此，这篇论文在 1937 年 6 月发表后并没有引起人们对弗洛伊德新作的详细讨论，比如说，在维也纳精神分析学会的会议上。在我看来，这种忽略是对政治事件的回应，也和弗洛伊德的演讲风格有关。《可终结与不可终结的分析》肯定是属于本文开头提到的那一类作品，仅仅是它的结构就给读者造成困难，迫使他们去下功夫，而不是仅仅向他们呈现一套既定的思想体系。同时，这篇特定的论文必须被放在当代政治和科学史以及弗洛伊德个人传记的特定背景下进行考量，而不能被误解为仅仅是“技术的”讨论。奥托·菲尼切尔（Otto Fenichel）的手稿［《对弗洛伊德〈可终结与不可终结的分析〉的评论》（*A Review of Freud's 'Analysis Terminable and Interminable'*）］的英译本在 1974 年出版，在这之前，这份手稿并不是在“弗洛伊德用德语发表论文后不久”（菲尼切尔的注解），而是如其文本所示，仅在 1938 年私底下被传阅。这份手稿可能是对弗洛伊德这篇论文唯一的、差不多是同时代的即时的记录。菲尼切尔也在 1939 年的《精神分析季刊》（*Psycho-analytic Quarterly*）上发表了一系列题为《精神分析技术问题》（*Problems of Psychoanalytic Technique*）的文章，并在后来的书（Fenichel，1941）中讨论了这篇论文。

弗洛伊德的这篇论文分为八个部分，他在第五节的开头描述了论文的逻辑结构：

我们从如何缩短分析性治疗冗长的治疗过程这一问题开始，并且，带着这个有关时间的问题，我们还考虑了是否有可能通过预防性的治疗实现永久性的治愈，甚至预防未来疾病。在此过程中，我们发现，决定我们治疗成功与否的因素是创伤性致病因素的影响、必须被控制的本能的相对强度，以及

我们所称为的自我的改变。在这些因素中，我们仅详细讨论了第二个，并且有机会认识到了定量因素的至关重要性，并强调了在尝试进行任何解释时，都要将元心理学的方法考虑在内。

然而，在第二节中，弗洛伊德做了一项声明，在我看来，这项声明对于评估他的论文中体现出来的科学内容甚至是超越这部分内容是非常重要的。他谈到自我的改变，这一概念需要充分的阐释："时至今日［1937 年］，这些问题才成为分析性研究的主题。"（Freud，1937：221）他接着说："在我看来，分析师在这个领域的兴趣完全被误导了。我们要探究的问题不是'分析的疗愈性效果是如何产生的'（我认为这一问题已经被充分阐明了），而应该问是什么阻碍了这种疗愈的发生。"

1922 年，弗洛伊德在柏林举行的第七届国际精神分析（IPA）大会上发表了一篇题为《关于潜意识的一些评论》（*Some Remarks on the Unconscious*）的论文。其中有一篇摘要写道："这位演讲者讨论了两个事实以表明在自我中也有一个潜意识，它的动态行为就像是被压抑的潜意识一样。其中一个事实是在分析中来自自我的阻抗，另一个是潜意识中的罪恶感。他宣称这些新发现必然会对我们对潜意识的看法产生影响，在他即将出版的《自我与本我》一书中，他尝试对这些影响进行了预测。"

自 1923 年《自我与本我》一书出版以来，对于精神分析治疗过程的理解，结构理论和自我理论变得越来越重要。在安娜·弗洛伊德（1936）的《自我与防御机制》（*The Ego and the Mechanisms of Defence*）出版，以及海因茨·哈特曼在维也纳关于自我理论的讲座（Heinz Hartman，1939）之后，自我心理学日益成为精神分析技术理论的一个核心。

1924 年，弗朗兹·亚历山大（Franz Alexander）在萨尔茨堡的国际精神分析大会上发表了一篇题为《治愈过程的元心理学描述》（*A Metapsychological Description of the Process of Cure*）的论文。威廉·赖希（Wilhelm Reich）于 1927 年出版了一部关于解释的技术和对阻抗的分析的著作。在威斯巴登举行的第十二届大会上，理查德·斯特巴（Richard Sterba）在一篇题为《治疗过程中自我的命运》（*The Fate of the Ego in the Therapeutic Process*）[1934年出版，原名为《分析性治疗中自我的命运》（*The Fate of the Ego in Analytic Therapy*）] 的论文中，提出了自我的治疗性分裂（therapeutic splitting of the ego）的概念，这一想法在当时很少被人接受。在卢塞恩举行的第十三届大会上，一些年轻的分析师从自我心理学的新观点谈到了分析技术，比如迈克尔·巴林特（Micheal Balint，1936）、梅利塔·施密德伯格（Melitta Schmideberg，1938）、格雷特·比布林（Grete Bibring，1936）和奥托·菲尼切尔（Otto Fenichel，1934）。詹姆斯·史崔齐出版了他最重要的著作《精神分析治疗行为的性质》（*The Nature of the Therapeutic Action of Psycho-Analysis*），并于1934年发表于《国际期刊》（*International Journal*）；它的德文版于1935年发表于《国际杂志》（*Internationale Zeitschrift*），标题为《精神分析治疗作用的基础》（*Die Grundlagen der Therapeutischen Wirkung der Psycho-analyse*）。从中可以看到，结构理论又一次被用来建构解释理论 [史崔齐的"突变解释"（mutative interpretation）]，并用于对分析治疗过程的考量。

1936年8月4日，第十四届国际精神分析大会在马里恩巴德（Marienbad）举行，欧内斯特·琼斯主持了题为"治疗结果的理论"（The Theory of Therapeutic Results）的专题讨论会。其中的论文有：埃德蒙·伯格勒（Edmund Bergler，1937）的《精神分析治疗结果理论》（*The Theory of Therapeutic Results in Psychoanalysis*）；爱德华·比布林（Edward Bibring，1937）的《治疗的一般理论》（*A General Theory of Therapy*）；奥托·菲尼切尔（Otto Fenichel，1937）的《精神分析疗法的功效》（*The Efficacy of Psycho-analytic Therapy*）；爱德华·格洛弗（Edward Glover，1937）的《治疗结果的基础》（*The Foundations of Therapeutic Results*）；赫尔曼·农伯格（Hermann Nunberg，1937）的《对治疗理论的贡献》（*Contributions to the Theory of Therapy*）；还有詹姆斯·史崔奇（James Strachey，1937）的《精神分析中的治疗结果理论》（*The Theory of Therapeutic Results in Psychoanalysis*）。参加讨论的有海伦妮·多伊奇（Helene Deutsch）、弗里茨·波尔斯（Fritz Perls）和汉斯·萨克斯（Hanns

Sachs）。萨克斯和鲁道夫·洛温斯坦（Rudolph Loewenstein）也在这一年提交了书面的讨论记录，并与专题讨论会的论文一起发表在《国际杂志》1937年第1期上（Sachs，1937；Loewenstein，1937）。这一期也包括了勒内·拉福格（René Laforgue，1937）原先为大会准备好的《分析治疗中的治疗因素》（*The Therapeutic Factor in Analytical Treatment*）一文，由于拉福格未能出席大会，这篇文章没有在讨论会上呈现。

汉斯·萨克斯在他的论文中说，治疗技术的出发点应该是经验，而不是某个系统的基础；"否则，就有可能在技术和理论之间形成一个鸿沟。一方面技术的现状是，它在许多方面还不完善，还需要改进；另一方面理论虽然已达到了最大程度的完善，但仍然不能孕育出新事物。"与萨克斯意见一致，洛温斯坦强调："我们必须接受一项长期任务，要投身到对细节一丝不苟的、精准的、耐心细致的观察之中。"

在之前引用的评论中可以看出，弗洛伊德肯定反对任何基于理论的乐观主义，这种乐观不是从他的临床工作中产生的。因此，他的态度和马里恩巴德讨论会的趋势背道而驰。他的论文实际上是对1936～1937年分析师集中感兴趣的议题的间接批评。在他1938年未出版的手稿中，菲尼切尔表达了这样一种感觉，即《可终结与不可终结的分析》一文缺乏了在弗洛伊德早期的临床作品中很常见的那种全面而强势的姿态。他也认为弗洛伊德是由于马里恩巴德的研讨会而选择了这一主题。

在论文的第五节，弗洛伊德转向了自我的改变这一因素。一开始，他发现关于这一点有很多问题要问，也有很多问题需要回答，他评论说："对于这个因素，我们要讨论的都将被证明是远远不够的。"（Freud，1937：234）在谈到什么是我们现在称为的分析师和患者之间的"治疗联盟"时，弗洛伊德说，对于患者来说："自我必须是正常的。但这种正常的自我，就像通常意义上的常态一样，是一种理想的虚构。不幸的是，对于我们的目的而言不正常的自我是不可用的，这一点却不是虚构的。"（Freud，1937：235）

弗洛伊德继续描述了防御机制在自我发展中的作用，以及它们对自我的改变的意义。在这方面，他提到了安娜·弗洛伊德（Anna Freud，1936）刚刚出版的著作《自我与防御机制》（*The Ego and the Mechanisms of*

Defence）。他特别强调，防御机制的存在决定了我们分析任务的一部分，即揭露和对抗阻抗。弗洛伊德指出，另一部分是，分析师在分析早期首要解决的问题是“揭露隐藏在本我中的东西”。他详细阐述道：“在治疗过程中，我们的治疗工作就像钟摆一样，不断地在本我分析（id-analysis）和自我分析（ego-analysis）之间来回摆动。在本我分析中，我们让本我中的一部分进入到意识中；在自我分析中，我们则要修正自我中的某些部分。”（Freud，1937：238）

在第六节中，弗洛伊德首先指出，自我以阻抗的形式体现出的特性同样可以由遗传来决定，也可以从后天的防御性斗争中习得。他认为，这剥夺了自我与本我之间在地形学上的区别，这“对我们的研究很有价值”。潜意识的罪恶感、受虐倾向、消极的治疗反应、潜意识的惩罚需求——所有这些都是阻抗的来源，并阻碍了治疗的成功。“在这里，我们正在处理的是心理学研究所能了解的终极问题：两种原始本能的行为——它们的分布、组合和解离——我们不能将这些事物视为心理结构中的单一项，如本我、自我、超我。”（Freud，1937：242）

弗洛伊德认为“这将是心理学研究中最有价值的成就”（Freud，1937：243）——阐明两类本能（性本能和死亡本能）的某些部分是如何结合起来实现各种重要功能的，在什么条件下这样的组合会变得松散，等等。在这一点上，弗洛伊德再次介绍了本能的二元论理论，很明显，他这样做有一个特别的意图：“我很清楚，二元理论（dualistic theory）——根据这个理论，作为爱（Eros）搭档，死亡本能（或破坏性、攻击性本能）要求得到与爱同等的权利，在力比多中占据与爱同等的分量——并没有获得很多的响应，甚至在精神分析学家中也没有真正地被接受。”他继续说：“我更为高兴的是，不久前，我在古希腊一位伟大思想家的著作中读到了我的这种理论。”（Freud，1937：244-245）他“非常愿意放弃原创带来的声誉”，因为“我们的”理论是分析师们受邀共同参与讨论的——于 1935 年在维也纳举行的一次联合会议上，参会的有维也纳精神分析学会、匈牙利心理分析学会、意大利心理分析学会（当时还不属于 IPA）、布拉格的捷克斯洛伐克学会、维也纳精神分析学会的一个研究小组（*Arbeitsgemeinschaft*），以及四国会议

（*Vierländertagung*）。这是一次非常成功的会议。

“系列科学专题讨论会”的第一次会议于 1935 年 6 月 9 日在维也纳、医生经济组织的所在地举行，由伊斯特万·霍洛斯（István Holl ó s）主持。这次会议的主论文是由埃多拉多·维斯（Edoardo Weiss）提交的，标题为《死亡本能和受虐狂》（*The Death Instinct and Masochism*）。在 IPA 公报发表的大纲中有以下记录：“死亡本能的理论基础不足；为其存在进行辩护的现象”“假设的死亡本能和快乐-不快乐原则有效的领域”“受虐狂预先假定了破坏性的、本能性的能量的存在，然而，这并不一定就是‘死亡本能’的表现，尽管这种可能性很大。”参与讨论的有哈特曼、艾德尔伯格（Eidelberg）、费德恩（Federn）、巴林特、韦尔德和韦斯。第二次研讨会的主题是“精神创伤和移情的处理”，论文由斯特巴和巴林特（Sterba & A. Balint，1935）提交。1935 年 6 月 10 日，在由弗朗西斯·德里（Francis Deri）主持的第三次研讨会上，罗伯特·韦尔德（Robert Waelder，1935）发表了一篇题为《自我心理学问题》（*Problems of Ego Psychology*）的论文。大纲中记录：“外部世界对精神分析的排斥是基于对本我心理学的排斥。这同样适用于第一次脱离运动。”文中谈到，“没有自我心理学，任何精神分析的解释都是不充分的”，并对“自我强度的问题，以及在教学和治疗上对自我进行促进的条件和方法”做了评论。参加讨论的有比布林、克里斯、哈特曼、赫尔曼、赖希、费德恩、M. 巴林特、维斯、霍洛斯、施滕格尔（Stengel）、A. 巴林特和韦尔德。

对于主题的选择和四国会议上的讨论都表明，弗洛伊德在《可终结与不可终结的分析》一文中，实际上在多大程度上卷入了 1936～1937 年同时代的科学争论。他用这些对他来说很重要的路标，非常清楚地指明了前进的方向。他在《自我与本我》（Freud，1923）中也做了类似的事情，他在第四章（两类本能）中再次强调了本能理论的重要性，尤其是“基础的二元论视角”：“同时，自我也和本我一样受到本能的影响，正如我们所知，自我也仅是本我中一个经过特定修改的部分。”他在 1937 年的这篇论文中的目的也是一样的。

弗洛伊德提到的“古希腊伟大的思想家”是阿克拉加斯的恩培多克勒。

弗洛伊德在袖珍版《前苏格拉底哲学家：片段和原始材料》（*Die Vorsokratiker，die Fragmente und Quellenberichte*）的第 119 卷中读到过他，这个版本旨在向更广泛的公众提供专门的资料。威廉·卡佩勒（Wilhelm Capelle）翻译了这份资料，并以赫尔曼·迪尔斯（Hermann Diels）的作品为基础写了一篇介绍（Capelle，1935）。

弗洛伊德对恩培多克勒思想的总结来自于卡佩勒的介绍。他是这样详细描述这些思想的（Freud，1937：245）："但是，在恩培多克勒的理论中，特别值得我们注意的是一种与精神分析中的本能理论非常接近的理论。如果不是因为这位希腊哲学家的理论是一种对宇宙的幻想，而我们的理论是致力于宣称生物学的有效性，我们应该会倾向认为这两者是完全相同的。"弗洛伊德也对恩培多克勒这个人留下了深刻的印象，他将恩培多克勒描述为"前苏格拉底时期最伟大、最卓越的人物之一"。他提到卡佩勒将恩培多克勒比作浮士德，一个"揭示了很多秘密的人"，一个强烈渴望探索自然的终极原因的探索者，同时也是一个地地道道的超级自然主义者，正如浮士德所说，一个"献身于魔术"的人。

恩培多克勒是一个有着很多传奇轶事的人，他的人生中点缀着各种神话。例如，他在远离家乡的伯罗奔尼撒半岛去世，至今都令人不解，人们认为他被带到了极乐世界。然而，嫉妒他的对手却说他跳进了埃特纳火山结束了自己的生命，他想通过神秘的失踪让人们相信他已经被送到了神的领域。这个故事深刻的象征意义对荷尔德林产生了重大的影响，他对《恩培多克勒之死》这一悲剧进行了三个版本的创作。

在《精神分析纲要》（Freud，1940）中，这是弗洛伊德最后的一部未完成的作品，他在"本能理论"一章的脚注中再次提到恩培多克勒："这一幅关于基本的力量或本能的图像，至今很多分析师对其持反对意见，这对阿克拉加斯的哲学家恩培多克勒来说已经很熟悉了。"正如弗洛伊德在《摩西与一神论》中所描述的那样，恩培多克勒无疑是个"伟人"。弗洛伊德在很长一段时间内都在关注摩西，一个对他来说非常重要的有识别度的人物，他很清楚地认为恩培多克勒是摩西的转世。这也许就是为什么在 1937 年 8 月 16 日写给马丁·弗洛伊德（Martin Freud）的一封信中，他回忆起了 1902

年他和他的兄弟亚历山大（Alexander）去卡普里的一次探访："维苏威火山也很活跃，白天产生烟云，晚上产生火云，就像《圣经》中的出埃及之神一样。对耶和华的证人来说（耶和华）是一个火山神，你将从我第二篇关于摩西的文章中了解到这一点，这篇文章现在已经完成了，正等着你回来看。"（另见标准版第 23 卷的脚注）

《1938 年精神分析年鉴》将弗洛伊德对恩培多克勒的讨论仅仅作为《可终结与不可终结的分析》标题下一个"简要摘录"，这一事实清楚地揭示了弗洛伊德对《可终结与不可终结的分析》第六节的特别重视。

很明显，弗洛伊德的意图是防止在分析的终止问题上出现任何的教条主义，并预防（结果是相对成功的）新的理论思想过早地制定硬性的、草率的技术要求和规则。他还试图保持本能理论在精神分析工作中的中心地位，并再次对死亡本能理论进行大规模的讨论。然而，在《可终结与不可终结的分析》中，他远离了他早期把精神分析比作一盘象棋（Freud，1913）的做法，在象棋中开局和终局是固定的，一步接着一步，只有在尚未被规定的中局中才会出现技术难题。

尽管早在 1926 年弗洛伊德就已经注意到了特定阶段的焦虑（客体的丧失、分离焦虑、爱的丧失和阉割）的重要性，以及它们在之后疾病中的作用，他关于发展心理学的观点很少能在《可终结与不可终结的分析》中找到。这可能是因为［正如海伦·塔塔科夫（Helen Tartakoff）所假设的那样］他仍然坚持对症状分析的经典模式，尽管他在多年前就已经把复杂的人格视为一个整体。但这篇论文的意义，相比起它的实用性和它所包含的技术性建议，更在于它强调了将（新的）理论立场翻译成技术实践时保持克制和谨慎的重要性。

在这篇论文的第七节中，弗洛伊德再次提到时间作为精神分析中一个要素的重要性。他以桑德尔·费伦奇（Sándor Ferenczi）的一篇 "具有启发性的"论文为出发点，这篇论文写的是分析终止的问题，于 1927 年在茵斯布鲁克举行的第十届国际精神分析大会上发表。费伦齐强调了时间因素，并假设，实际上分析需要无穷无尽的时间——不是说物理时间，而是在心理意义上下定决心"只要证明是有必要的，就如实地把分析继续下去，而不管分析最终所持续的绝对时长是多少”。但同时，正如弗洛伊德所强调的，费伦奇在文章结尾时令人欣慰地保证：“分析不是一个不可终结的过程，借由分析师足够的技术和耐心，分析可以自然而然地抵达一个终点。”（Ferenczi，1927：247）弗洛伊德补充道：“然而，在我看来，这篇论文总体上是一种警告，其目的不是要缩短分析的时长，而是要对分析进行深化。”

在1935年6月13日写给阿诺德·茨威格的一封信中，弗洛伊德结合茨威格的分析解释了这一点：

正确的分析是一个缓慢的过程。在某些情况下，我自己在持续分析多年之后才能够发现问题的核心，这是真的，并且我并不能说是我在技术上哪里有错。这与奥托·兰克这样的江湖郎中恰恰相反，他四处游走，声称自己能在四个月内治愈严重的强迫症！但是，像你所做的这种部分的、表面的分析，也是富有成果并有成效的。这给人留下的主要印象是精神生活的非凡品质。但这是一项科学事业，而不是一个简单的治疗手术。

弗洛伊德在这封信中暗示，分析工作不是，或不仅仅是，一种有效的治疗干预手段，而是一项科学事业，很显然地，它也能使洞见成为可能。

另一方面，他在1937年的论文中明确指出，他无意断言分析完全是一项不可终结的工作：“无论人们对这个问题的理论态度如何，我认为，分析的终止是一个实践层面的问题。”（Freud，1937：249）这与费伦奇的观点是一致的，即对于正常进行的分析来说，终止的条件会自动满足，“分析就像是耗尽了一样”。弗洛伊德认为，当精神分析为自我的功能提供了最好的心理条件时，它的实际任务就算完成了。然而，如果是仅对分析师本人而言，弗洛伊德表达了这样的愿望：“对自我的重塑过程（将继续）在被分析者身上自发地进行，（他将）把这一新获得的视角运用到后续所有的经验中。”(Freud，1937：249)对分析师来说，弗洛伊德提出了定期重新进行分析的可能性：“这就意味着，不仅是对病人的分析，分析师对自己的分析，也将从一项可终结的任务变成一项不可终结的任务。”

（Freud，1937：249）

在这里，我们将分析疗法的可终结的任务和对特定类别患者（如执业分析师）进行的不可终结的分析进行了比较。在某种程度上，分析工作的特殊性质决定了我们需要无终结地延长分析的过程，因为，首先，“在影响到分析性治疗前景和像阻抗一样增加分析难度的因素中，不仅要考虑患者自我的特性，还要考虑分析师的个性”（Freud，1937：247）。第二个是，分析作为一种职业有其危险性，弗洛伊德将其与 X 射线的影响相比较（Freud，1937：249）。

弗洛伊德显然对他那个时代的分析性训练评价不高，这种训练已经越来越制度化，他对训练分析的良好效果也信心不足。他在 1935 年 1 月 6 日对卢·安德烈亚斯·萨洛米（Lou Andreas-Salomé）说：“一个令我满意的来源是安娜。她在一众的普通分析师中获得了令人瞩目的影响力和权威性——唉，就其个人特质而言，这些分析师中的大多数都从分析中收获甚少。”

在一篇关于分析终止的论文中，厄恩斯特·蒂乔（Ernst Ticho，1971）强调了区分治疗目标和生活目标的重要性。他进而又对职业目标和个人生活目标进行了区分。对于精神分析师来说，似乎特别难以将生活目标中的职业部分与治疗目标按照这种方式进行充分区分，要不然的话，我们就能令人满意地终结（培训）分析。有大量的临床证据表明，在分析结束后，自我得到了进一步的成长，蒂乔也肯定是在这样的背景下提出他的观点的。他补充说：“我们的假设是，成长贯穿一生，移除成长之障碍，为日益成熟开辟道路。”

玛丽亚·克雷默（Maria Kramer，1959）在她的论文《论精神分析之后分析进程的延续（一项自我观察）》[*On the Continuation of the Analytic Process after Psychoanalysis*（*A Self-Observation*）] 中进一步探讨了分析过程的“终止性”这一主题。她以弗洛伊德希望自我的重塑过程在被分析的主体中继续这一愿望为出发点（她在脚注中引用了德语原版中的这句话，并用自己翻译的英文代替了标准版的英文）。她假定分析的手段，即“持续的分析过程”，在分析的进程中变成了一个新的自我功能，尽管这个功能从根本上逃脱了意识的控制。实现这种自我分析性的自我功能要依赖于反投注的（anticathectic）能量的释放［“反投注反应”（countercathexis）］。

格特鲁德·蒂乔（Gertrude Ticho，1967）认为，对于执业的精神分析师来说，自我与自我理想之间的张力可能会为自我分析提供动力。潜意识的冲突会损害工作质量，意识到这一事实会促进分析师进行自我分析的义务。相反地，“掌控一个冲突所带来的深深的满足感和成就感，以及对自我成长的观察，将自我分析变成了一个永无终结的过程”。

如果我们把分析过程看作是一个互动过程，病人在其中整合了他对自身的理解，也可以说，他在自我反省和随后的洞察中“验证”了他对自己的理解，那么上面提到的这种态度似乎就不像许多学者所认为的那么错误，他们认为终止治疗性分析是分析工作中必要的一部分（Dahmer，1973）。在这个互动过程中，病人获得了一定的反思性知识，并在日后能够更好地把自己从重复性强迫中解脱出来。

在这一点上，查看一下弗洛伊德对标题的确切表述变得很重要，在德语中是“*Die endliche und die unendliche Analyse*”。英语译本没有准确地表达这一点，随后译成的法语、西班牙语、意大利语和葡萄牙语的译本也没有准确地表达这一点，这些译本使用了“*terminable*”“*terminée*”和“*interminable*”等词。德语单词“*endlich*”和“*unendlich*”有许多含义，与“*terminable*”和“*interminable*”之间只有部分和不精准的对应。

在德国的文学和哲学传统中，“*endlich-unendlich*”这对对偶具有特殊的意义。例如，这在歌德经常引用的《押韵的俗语》（*Sprüche in Reimen*）中的一副对联中很明显：

Willst du ins Unendliche schreiten,

Geh'nur im Endlichen nach allen Seiten.

（如果你想要踏入无限，

那就踏入有限空间中的每一条道路吧。）

后面的两行很少被引用，但在这里也是相关的：

Willst du dich am Ganzen erquicken,

So musst du das Ganze im Kleinsten erblicken.

（如果你想要让自己从整体上焕然一新，

那么你必须从最小的细节处查看这个整体。）

在弗洛伊德的论文中，他只在标题和前面引用的观点中使用了这对相关的词，他说，对于病人和分析师来说，精神分析可能“从一个可终结的（*endlich*）变成一个不可终结的（*unendlich*）任务”。

在标准版和弗洛伊德论文的整个翻译中都通篇使用了“可终结的”（terminable）和“不可终结的”（interminable）这两个词［即使他也使用了“*Abschluss*”（conclusion，结论）、“*Ende*”（end，结束）、“*Beendigung*”（termination，终止）等这类的词］，弗洛伊德在原始版本中指出，分析师自己的分析和对病人的治疗分析都会成为无限的任务，而不是有限的任务，译文指出这两者都会“从一项可终结的任务变成（change，我标的重点）一项不可终结的任务”。因此，翻译引入了改变的想法，而弗洛伊德在这种实用主义的意义上并没有做出贡献。但是，这引起了一定的困难，让我们很难理解，除了与分析的可终结和不可终结相关的所有考量之外，还有什么对弗洛伊德来说是非常重要的！

格特鲁德·蒂乔（Gertrude Ticho，1967）正确地总结道：“弗洛伊德明确地指出，对于精神分析从业者来说，分析是一项不可终结的任务。”她使用“不可终结”（interminable）这个词，无疑是在遵循标准的翻译惯例，但意思是“无限的”（*unendlich*，infinite）。她还引用了威利·霍弗（Willie Hoffer，1950）的话，他认为治疗的标准应该是“自我对分析师功能的认同，这时候就能充满希望地将分析过程委托给学徒本人了”。在这里，永无终结的分析过程（现在不仅仅是在分析性治疗的背景中）与弗洛伊德的文化传统和人本主义教育理想是完全契合的。

1936 年 3 月，在伦敦举行的英国精神分析学会研讨会上，欧内斯特·琼斯（Ernest Jones，1936b）在介绍《治疗成功的标准》（*The Criteria of Success in Treatment*）时表达了类似的观点："分析的成功完全超越了病理学的领域。它预示着一种对所有人在生活中的主要趣味（E. 蒂乔的'人生目标'？）的发展的理解……因此，最终人可以将他的整个生活看成是从一个相对较少的原发性的趣味逐渐展开的过程。"

菲尼切尔（Fenichel）指出，弗洛伊德提出了只有与培训分析相关的分析才是不可终结的。他认为弗洛伊德的评论不够全面，非常令人怀疑。同时，他认为弗洛伊德所说的培训分析的概念与培训机构对这个概念的理解大相径庭。接着，纯粹基于未来分析师的治愈功能，菲尼切尔又讨论了在精神分析训练中培训分析的实用主义态度。"如果弗洛伊德对精神分析师的后续分析期望很高，为什么对第一次训练分析没有同样的期望呢？"在这里，他误解了弗洛伊德对"可终结与不可终结工作"的主张。在他看来，治疗工作从来都不是一项"不可终结的任务"，即使是在所谓的性格分析中也是如此。

在 1982 年发表的一篇文章中，布鲁诺·贝特尔海姆（Bruno Bettelheim）引用了《精神分析新论》（*New Introductory Lectures*）（Freud，1933）中的话，弗洛伊德宣称精神分析的意图是加强自我，"以便它可以分配本我新产生的部分。哪里有本我，哪里就将会有自我。这是一项开垦的工作——就像抽干须德海（*Zuider Zee*）的水一样"。此外，由于我们知道歌德在弗洛伊德的智力发展中起到了主导作用，弗洛伊德之所以选择填海造地的比喻，是因为它会使读者将精神分析工作与《浮士德》联系起来，这是关于人类灵魂回归的伟大诗篇。

歌德的作品描绘了 100 岁的浮士德，由于忧虑而失明，不知疲倦地继续着他的工作，而墨菲斯托和小鬼们已经在为他挖坟墓了。他以为"铁锹的碰撞声"必定与他"设想的水坝和堤防"有关，他感觉他已经实现了他的奋斗目标：

浮士德：我对这一瞬间可以说：

你真美呀，请你暂停！

我有生之年留下的痕迹，

将历千百载而不致湮没无闻——

现在我怀着崇高幸福的预感，

享受这至高无上的瞬间。

但是根据他和墨菲斯托的约定，他说了这些话，就放弃了自己的生命，而墨菲斯托相信他已经实现了**他的**目的：

墨菲斯托：可是时间占了上风，老翁倒毙在地。

时钟停止——

合唱：停止！像深夜一般寂静。

指针下落。

墨菲斯托：下落，大功告成圆满。

合唱：事情过去了。

墨菲斯托：过去了！这是一句蠢话。

为什么说过去？

过去和全无，完全是一样的东西！

墨菲斯托没有在“有限”（*endlich*）中，在目标的实现中，看到他斗争的结果，他知道不可能终止。正如恩培多克勒所认为的爱（*philia*）和纷争（*neikos*）之间的永恒斗争，这两个原则中的一方或另一方先后取得胜利，这是一个永无终结的过程。对于恩培多克勒来说，这一过程是建立在令人信服的阿南刻（Ananke，必然性）定律的基础上。为了本能二元论理论，弗洛伊德在《可终结与不可终结的分析》一文中再次提出了这一观点，并有力地捍卫了它。正如菲尼切尔在“题外话”中所说的那样：“这篇论文的长度与它对所讨论的问题的重要性形成了反差。”但这一观点只是从纯实用的角度、站在技术的立场上来说的，越来越清楚的是，这只是弗洛伊德在这个问题上所做的次要考量。

歌德的浮士德得救了，而墨菲斯托的胜利被夺走了。这是最后一幕，用歌德自己写给埃克曼（Eckermann）的话说（1831 年 6 月 6 日），即“包含了拯救浮士德的关键”：

因为他的奋斗永不停息

是我们对他的救赎。

然而，浮士德的幸存和他不懈的奋进，并不是基督教来世意义上的“永恒的幸福”，而是一种新的、更高层次的活动形式，一种在无休止的运动中发生的蜕变，一种力量之间的不断斗争，标志着为达到完美而进行的持续斗争。

贝特尔海姆说，我们在自身的生本能与死亡本能之间的挣扎解释了人类生命的多重性质，并赋予生命最深刻的意义。弗洛伊德（Freud，1937：243）的原话是：“只有通过两种原始本能——爱本能和死亡本能——的联合行动或相互对立的行动，而不能只靠其中的任一个，我们才能够解释生命现象的丰富性和多样性。”

P. 迈泽尔和 W. 肯德里克（P. Meisel & W. Kendrick，1968）在他们翻译的《詹姆斯（James）和艾利克斯·史崔齐（Alix Strachey）书信》的版本的后记中写道：“任何译者都知道，在翻译个人术语时追求学究式的精确，最终既是自我挫败的，也是有害的。原因很简单，翻译要想成功，就必须对它所翻译的原文再次进行想象。弗洛伊德的作品在某种意义上是整个德国文化传统的再现，要让他的作品变成英文的，就需要在语言之间建立对等关系，而不是文字的对应。”

我们当然同意他们后来的说法，即史崔齐夫妇也成功地完成了这项任务，“再也没有人会看到他们这样的人了”。但重要的是要注意，在“使弗洛伊德说英语”的努力中，具体而言在《可终结与不可终结的分析》一文中，其中的文化背景和当代科学争论的基本方面（弗洛伊德对此只是稍做暗示），实际上他们只找到了对等的表达。《可终结与不可终结的分析》一文实际上包含了比他们所能传达的更多的东西。这是一个垂死之人的遗言，他想再一次向人们展示他认为非常重要的东西。

在 1930 年 3 月 20 日举行的讨论《文明及其不满》一书的会议上，弗洛伊德把他的书比作阿纳克利亚的纪念碑：《可终结与不可终结的分析》一文在这本书中所占据的显著地位就类似于一个狭长的纪念碑耸立在一个铺开的、宽广的底座上（引自：Sterba，1982）。这一描述同样适用于本文：

我的书是缘于我认识到我们现有的本能理论并不充分。有人说，我试图将死亡本能强加给分析师。但是，我只是像一个种果树的老农，或者像一个不得不出门的人留下一个玩具，这样孩子们在我不在的时候就有东西玩了。我写这本书纯粹是出于分析意图，基于我以前作为精神分析的写作者的经验，在沉思中关注着如何将负罪感的概念推向它的终点。这种负罪感是经由对攻击性的放弃而产生的。现在就看你怎么来“玩”这个概念了。但是我认为这是分析中最重要的进步。

我在想，我们是不是也不应该再玩了。

参考文献

Alexander, F. 1925. A metapsychological description of the process of cure. *Int. J. Psycho-Anal.* 6:13–34.

Balint, A. 1935. Das psychische Trauma und die Handhabung der Übertragung. Referat auf der Vierlädertagung: Leitlinien. *Int. Ztschr. Psychoanal.* 21:458–59.

Balint, M. 1936. The final goal of psycho-analytic treatment. *Int. J. Psycho-Anal.* 17:206–16.

Bergler, E. 1937. Symposium on the theory of the therapeutic results of psychoanalysis. *Int. J. Psycho-Anal.* 18:146–60.

Bettelheim, B. 1982. *Freud and man's soul*. New York: Alfred A. Knopf.

Bibring, E. 1937. Versuch einer allgemeinen Theorie der Heilung. *Int. Ztschr. Psychoanal*. 23:18–37.

Bibring-Lehner, G. 1936. A contribution to the subject of transference-resistance. *Int. J. Psycho-Anal*. 17:181–89.

Capelle, W. 1935. *Die Vorsokratiker, die Fragmente und Quellenberichte*. Leipzig: Kröner.

Dahmer, H. 1973. *Libido und Gesellschaft*. Frankfurt: Suhrkamp.

Deutsch, H. 1973. *Confrontations with myself*. New York: W. W. Norton.

Fenichel, O. 1934. Defense against anxiety, particularly by libidinization. In *The collected papers of Otto Fenichel*, 1st ser., 303–17. New York: W. W. Norton, 1953.

———. 1937. Symposium on the theory of the therapeutic results of psychoanalysis. *Int. J. Psycho-Anal*. 18:133–38.

———. 1941. *Problems of psychoanalytic technique*. New York: Psychoanalytic Quarterly, Inc.

———. 1974. A review of Freud's 'Analysis terminable and interminable.' *Int. Rev. Psycho-Anal*. 1:109–116.

Ferenczi, S. 1927. The problem of the termination of the analysis. In *Final contributions to the problems and methods of psycho-analysis*. New York: Basic Books, 1955.

Freud, A. 1936. *The ego and the mechanisms of defence*. London: Hogarth.

Freud, E. L. 1961. *Letters of Sigmund Freud, 1873–1939*. London: Hogarth.

Freud, S. 1913. On beginning the treatment (further recommendations on the technique of psycho-analysis, I). *S.E.* 12:121–44.

———. 1922. Some remarks on the unconscious. Paper presented at the seventh IPA Congress, Berlin. Abstract in *Int. Ztschr. Psychoanal*. 7:486. Published later in the Editors' Introduction to *The ego and the id* (1923), *S.E.* 19:3–11.

———. 1923. *The ego and the id*. *S.E.* 19:19–27.

———. 1926. *Inhibitions, symptoms and anxiety*. *S.E.* 20:77–174.

———. 1930. Notes on *Civilization and its discontents* from a meeting at Berggasse 19, on 20 March 1930. In *Reminiscences of a Viennese psychoanalyst*, by R. Sterba. Detroit: Wayne State University Press, 1982.

———. 1933. *New introductory lectures on psycho-analysis*. *S.E.* 22:3–182.

———. 1937a. Constructions in analysis. *S.E.* 23:255–69.

———. 1937b. Moses an Egyptian. *S.E.* 23:7–16.

———. 1937c. If Moses was an Egyptian . . . *S.E.* 23:17–53.

———. 1938. Reprinting of part VI of Analysis terminable and interminable. *Almanach der Psychoanalyse, 1938*. Vienna: Psychoanal. Verlag.

———. 1940. *An outline of psycho-analysis*. *S.E.* 23:141–207.

Glover, E. 1937. Symposium on the theory of therapeutic results of psycho-analysis. *Int. J. Psycho-Anal*. 18:125–32.

Hartmann, H. 1939. *Ego psychology and the problem of adaptation*. New York: International Universities Press, 1958.

Hoffer, W. 1950. Three psychological criteria for the termination of treatment. *Int. J. Psycho-Anal.* 31:194–95.

Hölderlin, F. 1973. *Der Tod des Empedokles*. 2d ed. Stuttgart: Reclam.

Jones, E. 1936a. The future of psycho-analysis. Paper read at opening of the new premises of the Vienna Institute of Psycho-Analysis (Berggasse 7) on 5 May 1936. *Int. J. Psycho-Anal.* 17:269–77.

———. 1936b. The criteria of success in treatment. Introduction to a symposium of the British Psycho-Analytical Society. In *Papers on psycho-analysis*. 5th ed. London: Baillière, Tindall and Cox, 1948.

———. 1940. Review of Freud's *Moses and monotheism*. *Int. J. Psycho-Anal.* 21:230–40.

———. 1962. *Sigmund Freud: Life and work*, vol. 3. London: Hogarth, 1953.

Kramer, M. 1959. On the contribution of the analytic process after psycho-analysis (a self-observation). *Int. J. Psycho-Anal.* 40:17–25.

Laforgue, R. 1937. Der Heilungsfaktor der psychoanalytischen Behandlung. *Int. Ztschr. Psychoanal.* 23:50–59.

Leupold-Löwenthal, H. 1981. Die Beendigung der psychoanalytischen Behandlung. *Jahrbuch der Psychoanalyse*, Band 12:192–203.

Loewenstein, R. 1937. Bemerkungen zur Theorie des therapeutischen Vorganges der Psycholanalyse. *Int. Ztschr. Psychoanal.* 23:560–63.

Meisel, P., and Kendrick, W. 1986. *Bloomsbury/Freud: The letters of James and Alix Strachey, 1924–1925*. London: Chatto and Windus.

Meng, H., and Freud, E. L. 1963. *Psycho-analysis and faith: The letters of Sigmund Freud and Oskar Pfister*. London: Hogarth.

Nunberg, H. 1937. Beiträge zur Theorie der Therapie. *Int. Ztschr. Psychoanal.* 23:60–67.

Reich, W. 1927. Zur Technik der Deutung und der Widerstandsanalyse. Über die gesetzmäßige Entwicklung der Übertragungsneurose. *Int. Ztschr. Psychoanal.* 13:142–159.

Sachs, H. 1937. Zur theorie der psychoanalytischen Technik. *Int. Ztschr. Psychoanal.* 23:563.

Schmideberg, M. 1938. The mode of operation of psycho-analytic therapy. *Int. J. Psycho-Anal.* 19:310–20.

Sterba, R. 1934. The fate of the ego in analytic therapy. *Int. J. Psycho-Anal.* 15:117–26.

———. 1982. *Reminiscences of a Viennese psychoanalyst*. Detroit: Wayne State University Press.

Strachey, J. 1934. The nature of the therapeutic action of psychoanalysis. *Int. J. Psycho-Anal.* 15:27–159.

———. 1937. Zur Theorie der therapeutischen Resultate der Psychoanalyse. *Int. Ztschr. Psychoanal.* 23:69–74.

Ticho, E. 1972. Termination of psychoanalysis: Treatment goals, life goals. *Psychoanal. Q.* 41:315–33.

Ticho, G. 1967. On self-analysis. *Int. J. Psycho-Anal.* 48:308–18.

Vierländertagung. 1935. (Österreich, Ungarn, Italien, Tschechoslowakei.) [A conference of four countries (1935): Austria, Hungary, Italy, Czechoslovakia.] Report in Korrespondenzblatt der Internationalen Psychoanalytischen Vereinigung. *Int. Ztschr. Psychoanal.* 21:457–60.

Waelder, R. 1935. Problematik der Ich-Psychologie. Leitlinien. *Int. Ztschr. Psychoanal.* 21:459–60.

Weiss, E. 1935. Todestrieb und Masochismus. Leitlinien. *Int. Ztschr. Psychoanal.* 21:458.

关于《可终结与不可终结的分析》教学

戴维·齐默尔曼（David Zimmermann）[1]
A. L. 本托·莫斯塔迪罗（A. L. Bento Mostardeiro）[2]

弗洛伊德的《可终结与不可终结的分析》被认为是一种科学的“临终遗嘱”。在他生命的最后几年，当他写下这篇文章，对精神分析作出修订和评估之时，充斥在他内心的主要是些什么感受呢？临终最后一刻，他都是神志清醒的，他的创造力也依然完整，但他也不时地释放信号说知道自己大限将至。另外，随着同为犹太人和精神分析的劲敌纳粹的到来，精神分析被认定为“犹太人科学”，随之发生的就是他们在精神分析兴盛的德国和奥地利受到迫害。弗洛伊德可能想到过，他所创造和发展的科学可能也到了末日。他是不是已经有这世界完了的感受？（Jones，1957）

弗洛伊德写作时期的内、外环境

一些众所周知的事实让我们可以描绘出当时发生在弗洛伊德身上的内、外现实。《可终结与不可终结的分析》发表时他已 81 岁，他的口腔经过了 33 次手术，也未能缓解多少，遭受了 14 年的痛苦。除了他的健康状况持续恶化、被诊断恶性肿瘤之外，他还失去了一些追随者和朋友，也失去了一些亲密的家人（Grotjahn，1966）。卡尔·亚布拉罕（Karl Abraham）于 1925 年

---

[1] 戴维·齐默尔曼：马诺·马丁斯研究所心理治疗培训项目的主任和教授，同时也是精神病学专业项目的主任和教授。他是巴西精神病学协会的前任主席，曾担任精神分析协会副主席和副秘书。

[2] A. L. 本托·莫斯塔迪罗：马里奥·马丁斯研究所主席，他也是精神病学专业项目和心理治疗培训项目的教授和导师。他是阿雷格里港精神分析学会的准会员。他曾是巴西南大河州联邦大学的精神病学教授。

死于柏林。弗洛伊德因此失去了一位重要的朋友，一个学识渊博、聪明、有着敏锐的洞察力和通识能力的人。弗洛伊德认为亚伯拉罕是个人物，是真正意义上“了解人”的人。在1930年，弗洛伊德95岁的老母亲去世了，他在给费伦奇的一封信中写道：“对我来讲，有歌德奖让我得到的祝贺，身上这致命的疾病给我的哀痛，现在我母亲又走了，还不算上让我戒烟的麻烦，我现在什么都做不了了。”（Robert，1964）在他自己疾病缠身时，母亲的去世无疑更是重大的丧失，对弗洛伊德的影响极大。

1933年，纳粹占领德国没多久，费伦奇去世了。他曾经是弗洛伊德最爱的伙伴和合作者。弗洛伊德将这个精神分析之“罗曼蒂克式”童言无忌的人称为“至爱的儿子”。然而，在这一点上，费伦奇对他以前深爱的大师只有苦涩的怨恨，因为他觉得自己比任何人都要崇拜他，却只得到了他很不充分的分析（Lorand，1966）。同年，弗洛伊德被告知纳粹在柏林施以火刑（*Auto-da-fé*）——公开燃烧他的书籍，这让他引用了一位诗人的句子，说自己已经“不再理解这个世界了！”（Robert，1964）。

1933年6月，德国精神分析协会被纳粹所控制。当时的代理主席是享有盛誉的克雷奇默（Kretschmer）教授，他很快辞去了职务，由卡尔·荣格取代。荣格所接受的任务就是在“雅利安心理学”（Aryan Psychology）和“犹太心理学”（Jewish Psychology）之间划出一条科学的分界线。也就是说，在荣格自己的“集体潜意识”（collective unconscious）理论和弗洛伊德的精神分析理论之间作出区分，对荣格来讲，报复是轻而易举的事情了。1936年，戈林（Goering）博士被任命为柏林心理学会主任，他是同名纳粹空军元帅的表亲。接下来的几年，维也纳精神分析学会也被纳粹控制。接下来，出版了弗洛伊德全集的出版社人员被扣押，他的书籍被毁，维也纳精神分析学会也被解散（Robert，1964）。

《可终结与不可终结的分析》的几个分主题

《可终结与不可终结的分析》不仅仅对初学者是一篇很重要的文章，对执业中的精神分析师同样如此，因为它讨论的是分析中最关键和基本的问题。这其中包括：神经症的起源、分析的持续时间及终止、驱力的体质性（con-stitutional）强度、病人抵抗进一步心理冲突的可能性、自我结构的改变和防御机制的选择、自我结构中不同变形的来源、分析师的人格以及分析师对女性气质的否定。显然，文章提到的很多问题都是第一次澄清，还有一些问题至今仍很模糊。

分析的持续时间

在文章的第一节，弗洛伊德讨论了分析过程的持续时间。事实上，任何试图缩短分析时间的尝试都失败了。奥托·兰克认为神经症是出生创伤的复发，弗洛伊德批评他将分析的目标限制在解决这种原初创伤的后果上。弗洛伊德将兰克的观点比作从起火的房间里移走一盏翻倒的灯来试图扑灭熊熊燃烧的火焰（Freud，1937：216-217）。

在这里，弗洛伊德似乎忽略了他自己关于人格形成过程的教义，因为病人的人格和现状有多个起源，并且依赖于起火点，这起火点不是一处，而是多处。在接下来的工作中，他研究了一些影响分析持续时间的因素。也许兰克希望找到一种缩短分析的方法，部分原因是他认为疾病与健康是对立的——就像贫穷与财富是对立的一样。在某种程度上，这一愿望也来自于他忽视了与疾病概念有关的死亡问题，以及希望转移到分析局灶性疾病和局部治疗的概念上。

弗洛伊德说自己曾试图缩短分析的时间，也试图解决停滞不前的分析，在这些分析中，病人在症状方面有所改善，分析师确实解决了病人的问题，但随后似乎陷入了停滞。在这种情况下，病人在分析中感到舒适，不打算停止分析，但同时也没有进展。弗洛伊德使用了一个“伎俩”，即为完成分析设定了期限，旨在激励病人克服阻力，解决他的问题。不过，他提醒说，分析师必须严格遵守这样的期限，否则就有失去信誉的风险。

在分析过程中停滞不前可能是由于病人无法忍受分离焦虑，病人宁愿让分析停滞不前，也不愿面对分析终止。此外，病人可能无法忍受失去让分析持续进行的幼稚奖励，从而避免了移情神经症的崩溃（Glover，1955）。

在设定分析的终止日期时，病人最终失去从分析中获得的幼稚奖励，分析师迫使病人去面对这种丧失的挫败感。同时，设定一个日期会迫使患者面对分离焦虑。分析师要求病人在其限定的时间内完成分离幻想（Gaburri，1985）。当然，这种要求对一个已经接受了 12 年分析的病人和一个只接受了 2 年分析的病人所起的作用是不同的。在丰收的时候，12 年分析的果实应该更成熟，相比没有最后期限，设定最后期限可能更易于采摘这些果实。

分析过程，就像生命历程一样，也要经过几个自然的阶段。分析师知道，个人发展过程中错过任何阶段都会对人格形成造成损害。这种损害在一开始可能是微不足道的，往往在后面会再次出现。分析本身就是发展过程的一部分，也可能出现同样的风险。简而言之，错过任何发展阶段都会造成损害，只不过在将来才能呈现出来。关于儿童过早独立所导致的结局研究就是一个很好的例子（Modell，1975）。

弗洛伊德解释他使用这类所谓的“勒索”的方法没有达到预期的效果，因为对病人使用了这种方法，在最初取得明显的成功，后来却需要重新分析。在被分析者身上施加的这种压力，可能来自于分析师想要达到他认为对分析至关重要的某个目标的愿望。随着这一目标的实现，分析过程也随之结束。分析师对分析的结束有自己的看法，也受到时下精神分析知识水平的限制（参见弗洛伊德在论文中给出的临床案例）。因此，他很难面对分析已陷入僵局的可能性，但另一名分析师也许能够解决现有分析师没有处理的那些问题。归根结底，分析师的困难在于必须面对自己对特定病人进行工作的局限性。他迫使分析结束，不仅因为病人的进展已经停止，也因为他不想承认这种病人停滞不前的感觉给他造成的自恋受损。

论分析的“可终止性”的评估

“结束分析”的概念与医学概念中的“痊愈”（cure）密切相关，“痊愈”意味着彻底和绝对地消除疾病，从而消除一切痛苦。从精神分析的角度来说，如果我们用这个概念，就必须考虑其中的症状消除、克服阻抗以及潜意识意识化。当然，这种达到“痊愈”（cure）的方法总是片面的，因为它们很少涉及心理的高度复杂性和动力学方面。

目前，我们无法理解心理的复杂性，就像我们无法理解有机体其他方面的运作一样。因此，无论是通过精神分析还是一般的药物治疗，我们都只能得到有限的结果。我们还必须考虑到这样的事实，即有机体并不是在一段时间内保持不变的，而且它受到致病因素的影响。因此，举例来说，因一次感染经治疗并痊愈的人对再次感染也没有完全的免疫力。同样，心理也会随着新的（有利的或不利的）经历、成熟和衰老而发生变化。虽然个体在面对和解决心理冲突时可以表现出更强的能力，但不能将获得对新的精神病理性表现的绝对免疫作为终止分析的条件。“通过分析”，我们既不能“达到一个绝对的心理正常的水平”，也不能“保持自己状态的稳定，又或者，这似乎是说我们已经成功地解除了患者的每一处压抑，并填补了他记忆中的所有空缺。”（Freud，1937：219-220）

在他的论文中，弗洛伊德讨论了与终止有关的各种问题，并描述了两个临床病例（Freud，1937：221-223.）。虽然有趣，但它们不再适合用来说明分析的终止这一问题。弗洛伊德所描述的个案，特别是那些极其简短的分析，放在今天只能用来说明是一个以分析为取向的并取得了良好效果的心理治疗。这种会被当作“短程心理疗法”的例子，它可以结构化为有期限的，即从 6 次到 25 次（Small，1974），也可以是无期限的开放式治疗，时间从几个月到几年（Luborsky，1984）。如果我们经过一段知识和经验的积累过程，我们当下不会冒着风险在如此短的时间内去分析移情神经症，更不用说“负性移情”——在弗洛伊德的第一个案例中如此重要。同时，在第二个案例中呈现出的严重的女性气质和生殖性问题，并不指望其在提到的时间里通过移情得到解决——至少不会通过这样的方式，让病人能在没有疾病复发的情况下去面对子宫切除的焦虑。尽管有以上考虑，但应该强调的是弗洛伊德对分析的终止的构想在当下依然是合理的。

本能或驱力的体质性强度

尽管本能强度很重要，甚至是精神分析理论的基本支柱，但它们的起源和性质尚未得到充分澄清。尽管一些学者支持所谓的本能行为也可能是后天习得的观点，但人们普遍认为，每种动物的本能都表现出特定的特征，所有的证据都指向它们的遗传本质。

通过遗传传送的本能意味着属于一个物种的本能的存在，并且在个体的生命过程中，这种本能不能发生质的改变。但从量的角度来看，本能会随着不同的发展过程而变化。所以，举例来说，一个人出生时的生殖驱力可以说是其发展过程的一个既定特征，但同时，它能够在青春期激素发生变化之后得到重要的增强。随着年龄的增长，以及身体或精神的消耗和严重疾病，这种生殖驱力也可能减弱。

由此可以得出结论，弗洛伊德的两个概念都是正确的，即存在体质性本能强度，以及“当时”的本能强度（Freud，1937：224）。在分析和评估致病冲突变化的可能性时，本能或驱力的强度是需要考虑的基本因素之一。然而，只有当我们看到本能力量与自我的关系时，这幅图画才会完整地展现出来。人的自我，为了发展，也由于其结构的复杂性，不仅能够获得足够的满足，而且能够延迟、抑制甚至改变它，使它在其外在表现时无法被识别。

本能与自我生活在完美而持久的和谐之中，这种可能性是乌托邦式的，因为根据不同情况，本能或驱力可能会被自我接受或拒绝。本能与自我的关系在每一个独立的个体身上呈现出不同的特征。例如，自我可能使用防御机制来应对本能，而这些是一个人的自我工作和发展的组成部分，这也决定了他的性格（Moore & Fine，1968）。

分析无法创造出对人类来说陌生的新功能形式。然而，分析可以帮助自我放弃占主导地位的原始防御（例如，大量投射），转而使用更发达和更具差异化的防御，尝试一种致病性更低的解决方案，尽管偶尔使用原始防御的痕迹可能仍然存在。这也是为什么弗洛伊德得出了这样的结论：通过分析，“在有利的正常条件下”，自我和本能之间的关系是会不一样的。

病人抵抗进一步心理冲突的可能性

预防未来致病性心理冲突的想法与精神分析动力性潜意识的概念相矛盾。在动力性潜意识中，没有过去或未来，只有现在。本我与自我关系的动力学方面总是活跃的；因此，心理冲突总是存在的。在分析过程中，移情神经症的发展使冲突可供分析，而正是对这种神经症的充分分析才能引发内省，并对当前心理冲突最重要的特征进行修通。这反过来又得以真正预防进一步的精神病理。在我们看来，后来可能发生的具有致病性的冲突，是由于某些隐匿的关键特征没有得到分析，或没有被充分地察觉、检查或解决。对致病性心理冲突进行适当预防的唯一途径，是对移情的范围、深度和浓度进行持续分析。

自我结构的改变

刚开始分析的人所呈现出的自我修正，让他没法成功地解决其心理冲突，尽管他有一个相对正常或完整的自我，这才使其有可能与分析师达成治疗联盟。这样的自我改变可能是先天的或后天的，并且是由于个人所使用的防御机制不足造成的。所使用的特定的防御机制决定了个人的性格和他对分析过程进行阻抗的主要形式。在分析师的帮助下，解除致病性防御是被分析者要完成的主要任务，也是决定终止分析的因素之一（Fenichel，1945）。

克服阻抗时所面临的困难，与病人面对变化的恐惧有关，这些变化被视为是对自我的威胁。因为它意味着要改变用来抵抗本能威胁的防御机制。采用新的防御程序来应对自我被本能力量压倒的恐惧，而自我的改变，甚至只是改变的可能性，都伴随着新防御程序或新的解决方案无效的恐惧。这种焦虑是由于“对未知的入侵”所致（Grinberg & Grinberg，1971）。而这类恐惧被病人体验为可能毁灭自我的威胁，需要逐步和彻底的分析工作。这样的工作向病人传递了一种安全感，不让他们觉得自己被一位只要求他们得出快速解决方案的分析师所干扰。在理解阻抗或防御机制的每一个细节这一微妙任务的过程中，病人的自我会经历微小的、稳定的、但也是根本性的变化。这些组成性丧失需要不断进行哀悼。当这种变化持续发生并逐渐累积时，病人会慢慢感到自身发生的变化，而这可能导致其对自身整体身份感知的变化。阻抗的改变、自我的改变，以及本能力量部署改变的可能性，所有这些都是在没有重大焦虑的情况下实现的，决定了个人与内外客体之间关系的重要转变。特别是，个体与其内在客体之间联结的改变会导致这些客体的特征发生变化。

自我结构改变的起源

源自本我的力量对自我特征是最具影响力和决定性的。这既归因于本我的特性，也归因于它与自我的关系。例如，从本我产生的爱（Eros）本能和死亡（Thanatos）本能驱力，需要以幻想的形式在精神上表征在自我中，以便获得精神上的表现。爱本能和死亡本能彼此结合或对立的各种方式将决定个体内在的丰富性，这会在其幻想生活中表现出来。自我应对这种驱力组合的方式会决定个人内在世界的创造力及其衍生物——包括行为、行动、症状、情感和许多其他表现形式。它还会决定个人的防御机制（Freud，1937：246）。

弗洛伊德所描述的力比多的“流动性”或“黏滞性”（Freud，1937：241）可能不是由于驱力本身的某些特性导致的，而是由自我应对冲突的方式决定的，而冲突本身则是源自驱力的。驱力的黏滞性和流动性都反映了对丧失部分自我和客体的防御。当黏滞性起作用时，这种变化就意味着丧失了一种防御和一种客体。而流动性反映了一种状态，在这种状态中，自我内部的客体和变化都不重要，因为两者都不是永恒不变的。

用一个例子来说明，一位年轻的女病人，在她内心当中女性气质和职业的不兼容促使她来分析，她认为她的职业是一种男性行为。该病人认为，为了维系她的婚姻和孩子，她不能拥有自己的职业生涯——尤其是她不能拥有胜任、成功的能力。她相信如果她职业上获得成功，她将失去自己的丈夫和孩子，实际上她成为了一个男人——然后她也会失去母性身份，甚至失去她自己的母亲。这种幻想中的丧失对她女性身份的内在重组以及她与母亲、职业的内在关系而言都是一种障碍。

我们考量过的任何方面都无法澄清或解释自我结构或本能表现的可变性。这是一个困难和复杂的研究领域，至今仍晦涩难懂。正如弗洛伊德在他的论文中提到的那样，我们可能会问，在遗传和后天因素中什么是重要的。困难似乎在于，在任何一个特定的人身上如何去识别和区分这两种因素，特别是这些因素从出生开始就相互作用，也可能从受孕就开始了。当一个人试图确定自我和本我的起源时，这种困难也会出现。尽管弗洛伊德认为自我来源于本我，他说，“甚至在自我出现之前，它的发展轨迹、倾向和后来会出现的各种反应都已经预先铺设好了”（Freud，1937：240）。这一观点隐含着他认为部分自我是遗传的，独立于本我之本源，并且具有随后发展出来的那些结构性特征的潜力。

弗洛伊德的这一提议可能导致了重要的自我心理学学派的产生，该学派强调，在众多概念中，自我中存在“自主”（autonomous）和“无冲突”（conflict-free）的部分。目前研究人员正试图采用定量研究来确定哪些因素——遗传或环境——在神经症和精神病中占据主导。这些研究显然意味着对自我结构改变的原因的探索，而这些改变导致了精神病理的出现，但他们还没有结论性的证明。在有精神分裂症或躁郁精神病患者的家庭中，对其神经传递的生化障碍的研究表明，遗传在这类精神疾病、这类人的自我结构特征中起着重要的主导作用（Rainer，1985）。

我们已经指出，防御机制决定了一个人的人格类型、性格以及他因心理冲突引起的焦虑的应对方式。因此，防御机制决定了个人自我结构中一些最重要的方面。我们可能会问人们是如何选择这些机制的。有没有可能是童年的创伤决定了特定防御机制的选择？或者这种选择是由一个人生活中反复出现的主导情境造成的？或者是因为冲突的类型？它们是因为遗传，还是因为认同了环境中的人，特别是对母亲的认同？例如，我们会问，一位将自己与他人隔离来处理焦虑的母亲，是否会教她的孩子对自己的焦虑也做出同样的反应。我们也会想到，这样的母亲在面对宝宝的不适或痛苦时，会喂给他食物，让他相信吃就能解决一切问题。

总之，关于自我结构的形成我们已经进行了许多讨论和研究，但仍有许多领域有待澄清，比如母子关系的发展及其在确定未来自我特征中的作用（Joseph，1973）。

分析师的人格

在第七节中，弗洛伊德以一种与我们当前对这个主题的思考不一致的方式讨论了培训分析。他说，培训分析只不过是一个学习过程，目的是让未来的分析师能够识别潜意识的本质，并感知其病人的潜意识。虽然这些目标是非常可取的，但在弗洛伊德在《可终结与不可终结的分析》的设想中，它们肯定无法在培训分析中实现。至少可以说，三周的心理治疗，然后再持续两周，能否让一个人认识到他潜意识的存在，是值得怀疑的。同样值得一问的是，一个对自己的潜意识没有自然和自发知觉的病人，能否仅通过个人分析，就发展出作为一名分析师未来工作所需要的洞察能力（Etchegoyen，1987）。这样的局限性意味着，想要成为分析师的人永远无法达到将自己的分析从“一项可终结的任务变成一项不可终结的任务”这一目标（Freud，1937：249），因为我们基于这样一个事实，即在分析师自己的分析中开启的进程不会因为分析的终止而停止。我们还基于另一个事实，即自我的重塑在被分析者身上自发地进行着，他会充分利用后来新习得的感知体验。弗洛伊德的结论是，这使得“被分析者就有了成为分析师的资格”（Freud，1937：249）。众所周知，培训分析已经变得更加复杂和更具野心，对培训分析师和未来的分析师来说都是如此。对病人的标准分析则有着更简单和更适度的目标（Blecourt，1973）。

分析师这一职业要求极高，因为它随时可能威胁到分析师自身的人格结构。在分析工作中，他必然要面对被分析者的神经症和精神病性焦虑，而这会引发分析师自己相应的焦虑，并使其在不同的程度和深度上采取行动。因此，他应该准备好控制这种焦虑，不让自己被它们压垮，并利用这种感知更好地理解和解释其病人（Etchegoyen，1987）。过去和现在的分析师，由于未能享受到分析（被错误地称为培训或教育分析）所带来的预防性好处而患病，而分析所达到的程度和深度能使他们在面临困难的分析工作时保持自我完整性（Gitelson，1983）。这就是弗洛伊德那么多早期的信徒和追随者都得了重病的原因吗？弗洛伊德认为每五年左右再分析一次，可以避免这样的问题。再分析的另一个原因是为了防止分析师可能的恶化，无论是在个人方面还是在专业方面，因为这可能会对他的病人和他自己造成伤害。通过再分析，他可以尝试恢复暂时失去的能力，预防复发。

一般来说，分析师不太接受重新分析。就算他接受了，这也不是一件容易执行的事情，部分因为被分析者的自恋特征，部分因为分析环境的特殊性给再次接受分析的人带来麻烦，比如分析师的可用性有限、分析师之间的竞争、威胁到再次接受分析的人的职业地位。

分析师对女性气质的否定

弗洛伊德认为，分析师在工作中所面临的最严重的问题之一，是对女性气质的否定，无论对男性还是女性。男人不能是被动的，女人则缺少阴茎。弗洛伊德认为，这两种情况都是通过压抑来解决的。他认为，男人的被动性和女人想拥有阴茎的愿望在分析中是很难识别和处理的。对女人进行分析的障碍是她不可能放弃对阴茎的愿望，而这是分析所不能提供给她的。我们可以在弗洛伊德所描述的分析中看到这些问题。然而，与影响成人性欲的命运的所有因素有关的还有其他一些重要问题（见：Blum，1977）。

男人和女人是自然绑定在一起的，从婴儿时期开始，他们就兼具男性和女性的身份认同，他们的自我习得了父母双方的特征。在青春期，仅有阉割焦虑并不能确定是否具有向同性别父母认同的趋势，因为那些早于出生的遗传因素依然还在发挥作用，决定了生物学、解剖学和激素上的特征（Galenson & Roiphe 1977）。

有可能男性和女性对他们的生殖器解剖结构有着某些潜意识认知，男性知道他的阴茎注定要插入，而女性知道她的阴道有一个空白需要填充。我们可以认为，对我们身体的先天认知先于客观知识。如果这一点是正确的——一切都可以用它来说明——个体有一种冲动，要执行与他或她的生殖器官有关的特定功能。与此相关的感觉也将决定身体-自我的特征（Kleeman，1977）。在青春期，激素平衡的改变强烈地激活了两性的性冲动，增加了男性和女性的欲求。这些目标的实现意味着男孩放弃了对女性身份的愿望，女孩放弃了拥有阴茎的愿望。同性的父母有相同的解剖结构，有助于压抑那些对应性别特征性的驱力。

考虑到男性和女性都将母亲作为他们嫉妒的第一客体，人们可能会问：这一事实在男性和女性身份认同的发展、确立和巩固中有什么重要意义？它对塑造成年男女关系特征有什么影响？对乳房的嫉妒是否会导致男-女共谋的形式，在夫妻关系中把男人放在第一位吗？男孩早年对母亲的嫉妒，是否会导致他对女性气质和生育能力的渴望？

结语

当弗洛伊德写下《可终结与不可终结的分析》时，他试图从现实的角度看待分析。他想研究其方法的可能性和局限性，以及那些限制分析的持续时间、终止和结果的分析师和被分析者的特征。

当弗洛伊德研究分析的长度问题并试图缩短它的时候，他有可能没有充分考虑到分析是一个过程这一事实的重要性，而且这一过程要经过几个阶段。这些阶段必须自然而然地过渡，这取决于病人的心理特征以及病人和分析师的互动方式。这是因为分析过程必须被置于个体的发展过程中。这样，分析过程就成为一般发展过程的一部分。

这两个过程（发展过程和分析过程）交织在一起会对病人产生什么结果呢？当它们相互作用时，分析过程将在被分析者的发展过程中带来缓慢而渐进的变化。在这种情况下，对分析时间长短的评估发生了实质性的改变，因为它取决于被分析者发展过程的持续时间和进展情况，这就意味着分析作为一个过程是不可终结的。

当被分析者能够容忍其发展过程中所固有的主要变化时，人们有可能谈论分析的终止。其中首要的是与分析师发展出足够的分离和自治能力。自治和分离能力意味着病人能够面对其身份认同、自我（包括身体自我）以及内在和外在客体的实质性变化。另外，要求分析做出调整，来防止新冲突的产生，甚至防止那些把病人带到分析中的问题的再现，也就是让他用一种最激进的方式改变自己，包括个人的本性、过去以及过去和现在天然的局限性所留下的伤疤。上述言论也必然适用培训分析，因为未来的分析师会因各种原因，必须让自己的分析变得不可终结。他面临着一项艰巨的任务，即必须不断地想象病人和自己的潜意识状态。更确切地说，他必须意识到自己的潜意识和病人的潜意识之间相互作用的特殊性。因此，对这种相互作用的充分认识会使分析师不断地对自己有新的认识，从而增强和加深对患者的了解。然而，执行这项任务存在许多困难。其中最主要的是需要意识到他作为一个人和作为一名精神分析师的局限性，对此不需要否认。在这个过程中，隐含着分析师对那些他认为是好的精神分析技巧的个人概念和实践的全能评估的瓦解。这种干扰可能会导致分析师体验到自我方面的丧失，但如果这种丧失得到成功分析，取而代之的是对自我以及对病人的全新理解。

当分析师意识到面对自己的或者病人的问题存在困难，困难又大到无法满意解决时，就有迹象表明分析师需要继续分析或开始新的分析。

弗洛伊德的个人处境——年老、疾病、重要客体的丧失，以及纳粹对犹太人和精神分析的迫害——无疑影响着他最后的产出。在这篇文章中，我们讨论了他在《可终结与不可终结的分析》中考察的八个问题，并得出如下结论：

① 在漫长的分析中，病人的分离焦虑和丧失或者婴儿般满足的幻想是重要的因素。有时可以在分析师身上观察到这些因素，他们会对病人的这种幻想和局限有所反应，比如粗暴地缩短或结束分析。

② 我们认为分析是一个不可终结的过程，因为它已经成为被分析者生活的一部分。它的结束只标志着被分析者发展过程中的一个特殊时刻，一个由分析师和被分析者一致同意的治疗中断时刻。

③ 弗洛伊德关于驱力的体质性强度的观点是恰当的，因为这考虑到了其理论方法的所有变量，尽管对此我们的理解不可避免地存在差距。

④ 对移情的充分分析是预防未来心理冲突最有效的措施。然而，这种安全性是相对的，因为人类有其人格、过去和未来的变化所决定的局限性，这些变化可能唤起一种过去的疾病或导致一种新疾病的出现。

⑤ 防御机制是分析进程的主要障碍，克服阻抗意味着自我的变化和对驱力的新的应对方式，这就导致了恐惧。这一改变导致了部分自我的丧失，也恐惧新的应对驱力的方式无效，从而让自我面临毁灭的威胁。

⑥ 尽管不断进行研究，但自我结构多样性的起源仍不清楚，因为很难评估遗传因素和环境因素的相对重要性。防御机制是自我结构的一部分，它可能从遗传因素以及特定的母子互动中获得某种特质。

⑦ 未来的分析师必须具有自发的洞察力，并且必须对其进行充分的分析，以便能够开发出适合他或她作为分析师的职能特征。为了能耐受对自身理解的重组和更好地理解病人，这些都是必要的。此外，每个分析师都需要了解自己的个人和技术局限性。

⑧ 在分析中，男性和女性的阴茎嫉羡和阉割焦虑中都会对分析造成一定障碍，但与第一客体关系和对乳房的嫉羡有关的冲突也应该考虑在内。在确定性别身份认同时，遗传和激素因素起了一定的作用，而对自己的生殖器构造和性命运的潜意识感知也是必须加以考虑的因素。

参考文献

Blecourt, A., de. 1973. Similarities and differences between analysis and therapeutic analysis. In *Psychoanalytic training in Europe: 10 years of discussion*. Barcelona: European Psycho-Analytical Federation Bulletin Monographs, 1983.

Blum, H. 1977. *Female psychology*. New York: International Universities Press.

Etchegoyen, R. H. 1987. *Fundamentos da técnica psicanalítica*. Porto Alegre: Artes Médicas.

Fenichel, O. 1945. *The psychoanalytic theory of neurosis*. New York: W. W. Norton.

Gaburri, G. 1985. On termination of the analysis. *Int. Rev. Psycho-Anal.* 12:461.

Galenson, E., and Roiphe, H. 1977. Some suggested revisions concerning early female development. In *Female psychology*, by H. Blum. New York: International Universities Press, 1977.

Gitelson, F. H. 1983. Identity crises: Splits or compromise—adaptive or maladaptive. In *The identity of the psychoanalyst*. Edited by E. D. Joseph and D. Widlöcher. New York: International Universities Press.

Glover, E. 1955. *The technique of psycho-analysis*. London: Baillière, Tindall and Cox.

Grinberg, L., and Grinberg, R. 1971. *Identidad y cambio*. Buenos Aires: Editiones Kargieman.

Grotjahn, M. 1966. Karl Abraham, 1875–1925: The first German psychoanalyst. In *Psychoanalytic pioneers*. Edited by F. Alexander et al. New York: Basic Books.

Jones, E. 1957. *Sigmund Freud: Life and work*, Volume 3. London: Hogarth.

Joseph, E. 1973. Psicanálise—Ciência, pesquisa e estudo de gêmeos. *Rev. Brasileira de Psicanálise* 9:83–114.

Kleeman, J. A. 1977. Freud's views on early female sexuality in the light of direct child observation. In *Female Psychology*, by H. Blum. New York: International Universities Press, 1977.

Lorand, S. 1966. Sándor Ferenczi, 1873–1933: Pioneer of pioneers. In *Psychoanalytic pioneers*. Edited by F. Alexander et al. New York: Basic Books.

Luborsky, L. 1984. *Principles of psychoanalytic psychotherapy: A manual for supportive-expressive treatment*. New York: Basic Books.

Modell, A. 1975. A narcissistic defence against affects and the illusion of self-sufficiency. *Int. J. Psycho-Anal*. 56:275–82.

Moore, B., and Fine, B. 1968. *A glossary of psychoanalytic terms and concepts*. New York: American Psychoanalytic Association.

Rainer, J. 1985. Genetics and psychiatry. In *Comprehensive textbook of psychiatry*. Edited by H. Kaplan and B. Saddock. Volume 1. Baltimore and London: William and Wilkins.

Robert, M. 1964. *The psychoanalytic revolution*. London: Allen and Unwin, 1967.

Small, L. 1974. *As psicoterapias breves*. Rio de Janeiro: Imago Editora.

分析性治愈的障碍

特图·埃斯凯琳·德福尔奇（Terttu Eskelinen de Folch）[1]

“……我们要问的问题是，在这种治愈的道路上有些什么障碍。”

弗洛伊德·《可终结与不可终结的分析》

在《可终结与不可终结的分析》出版50年之后，我们现在在精神分析性治疗中提出的某些问题，仍然来源于弗洛伊德一直关注的问题。我们的一些病人，在取得绝对进展后，又重返了他们应对冲突的旧有方式；一些病人似乎从痛苦的重复受损的关系中获得的满足感，比开始新的积极的关系更大。还有一些病人，尽管历经多年的治疗，却似乎绝望地陷入了外在环境，而不是致力于分析工作，以便“从自己情感的旋涡中打捞出最深刻的真相”（Freud，1930：133）。

有关弗洛伊德对临床事实的解释，我们现在能提供有效的补充吗？这其中就包含了促使弗洛伊德写下《可终结与不可终结的分析》的临床事实。我们现在治疗那些过去不被分析所接受的病人，我们也看到了分析技术的发展，包括对分析工作双方之间的互动（此时此地的移情和反移情）更一致和有效的分析。

可能有人会说，我们今天的解释能力仍然不足以改变弗洛伊德所考虑的问题应对和解决的方式。然而，鉴于过去几十年积累的丰富的临床经验，以

[1] 特图·埃斯凯琳·德福尔奇：西班牙精神分析学会的培训分析师。她是欧洲精神分析联合会副主席，巴塞罗那精神分析研究所前主任。她也曾是欧洲精神分析联合会公报的编辑。

及几代分析师在理论和技术上的贡献，我相信我们现在可以尝试对旧的问题进行新的解释了。虽然这些解释既没有证实也没有彻底修改弗洛伊德的原始思想，但它们扩展了临床疑难、技术取向的变化，以及我们在以目前形式陈述问题时可能使用的元心理学和理论原则之间的联系（例如，潜意识的结构、本能的融合及其变迁、古老心理过程形式）。

在这一文章中，我将试图集中讨论其中的一些联系，以期阐明在当今的精神分析实践中特定事件之间的对应关系，无论是活跃的还是封闭的，以及对模糊点的似是而非的解释，而这些模糊点正是弗洛伊德以一种典型的方式引导我们去澄清的。关于本文章开头提到的临床事实，主要限于以下两个主题：

① 某些特定的人格核心似乎远离分析关系和分析经验，其可分析性问题，我们将其称为隐藏的核心人格。考虑到将它们从边缘位置提取出来、带入分析之共同的经历中存在的困难，对强迫性重复的独特性提出疑问就是合情合理的了，这是在弗洛伊德之后再次提出这样的疑问，这种如此顽固和令人迷惑的独特性反对任何的改变。

② 技术问题。

隐藏的核心人格

弗洛伊德在他的论文中谈到，处理分析师故意引起或挑起的负性移情的困难。他描述了病人强烈的阻抗，他们不愿承认自己意识到的不可接受的、令人不安的冲动和相关的记忆。然而，弗洛伊德认为，为了使自我能够令人满意地发挥作用，分析必须充分整合不同的冲动。它们必须被所有的“自我的趋势”所“驯服”，并由力比多主导。弗洛伊德主要关注的似乎是情感和冲动的负面性，而不是正面性。早在1912年，这些负面性就已经占据了他的思想［《论爱情领域普遍存在的贬低倾向》（*On the Universal Tendency to Debasement in the Sphere of Love*）］，当时他谈到“性本能本身的某些本质不利于实现完全的满足”（Freud，1912：188-189）。后来，他将这些方面称为死亡本能（Freud，1920）。

在我们与一些病人的关系中，我们观察到他们在面对破坏性冲动、仇恨或嫉妒时所遇到的困难。即使经过长时间的分析，他们也很难承认这些感觉是属于他们自己的。这就好像他们觉得，如果他们体验到这些破坏性的冲动或感觉被重新激活，哪怕只是一瞬间，他们人格的完整性就会受到威胁。他们用各种防御方式来避免这种意识，同时感受到了失去心理平衡的潜在风险。

我们知道这样的病人生活在一些可怕的、破坏其整合性的威胁之中。梅兰妮·克莱茵描述了一种对被推开到远方的非常原始、可怕的客体的恐惧。相比那些可以适应的不那么可怕的客体，他们被派遣到更深层的潜意识水平。在被超我和自我拒绝之后，他们似乎难以得到任何形式的整合，因此也没法来进入分析工作。梅兰妮·克莱茵认为分析师在面临来自自我和超我的阻抗时就会触及这种情况。在我看来，也有一种来自本我的阻抗，这是由我现在将要描述的客体的本质造成的。

而相关的技术问题表述如下：这些分裂的客体，以及它们相应的情感和冲动降到最深的潜意识层次，是否只在个体处在危机时出现可观察到的行为？在不那么极端的情况下，我们就不能和这些客体有任何接触吗？

在我看来，这样的客体存在于客体关系中，也当然存在于与分析师的关系中。他们的存在方式正是个体使用分裂和解离的独特方式，这既是一种心理机制，也是冲动的表达。这些古老的客体越是具有破坏性和恐怖性，病人就越是会以一种破坏性和毁灭性的方式断开或瓦解思想。我会通过一个简单的案例来说明这一点，这是一位高度精神分裂的病人，他没有表现出任何精神病的临床症状。

X 先生是一位中年知识分子，尽管他在学术上很有成就、家庭状况稳定，但他觉得自己的生活不真实，他和妻子的关系中缺少了重要的东西，他的生活面临灾难性威胁。他似乎很受同事和学生的欢迎，说起他们也都兴致勃勃。在他所在的大学院系里，他似乎也具有批判性的判断能力。在他的分析师看来，一开始他是积极的，但很快就沉默了，宣称自己无话可说。经过几个月的分析，他开始梦见恐怖分子和纵火烧书店的人。有时他会在梦中扮演恐怖分子，但他坚持认为这些梦与自己无关，并将其归因于自己读过的现代恐怖故事。

在分析之初，他梦见一些后来变得很重要的东西。一个小男孩在阳台上玩耍，有从阳台上掉下去的危险。然后 X 先生看到自己穿着潜水服洗澡，变得很兴奋。在同一梦境的第三部分，他抱着自己的尸体，把它交给一个女人——小男孩的母亲——让她为他开具死亡证明，死因类似于“被消灭的死亡”。

我不打算谈及这其中所有令人兴奋的事宜。目前，我只想考虑这个梦是如何与 X 先生设法切断、解离、使其失去活力并最终消灭其人格中的重要部分联系在一起的。他与我的关系表明了这一切是如何被联系到他的客体上的。他似乎放弃了我给他的任何解释，并避免对我的解释做出任何重要的、自发的反应，在分裂性的超然中寻求庇护。有时，在一阵沉默之后，他也会进行同样呆板而抽象的概括。在某种程度上，他在解离自己的思想和反应，但与此同时，他也在扼杀自己与我的关系。我开始想，在我们平常的关系中，他那可怕的客体以观点和感受的形式不断积极地出现在我们之间，使我们之间任何重要的联系都化为乌有。正因为如此，他对我的解释的回应缺乏生命力。在接下来的分析中，这一切都相当开放地表达了出来。

某个星期一，病人表现出比平时更强烈的焦虑。他说他胸痛，这可能是心脏病发作的先兆。不同寻常的是，他说当意识到我们可能谈一些重要的事情时，他对我产生了巨大的愤怒。第二天来的时候，他说有生以来第一次看到了摆脱这种恶性循环的可能性。但他补充说，在过来分析乘电梯时遇到了奇怪的事情。一扇门上挂着“出口”的牌子，而另一扇门似乎打开进入虚空。他的脑海突然闪现出一个念头：“如果我从那扇门走到了悬崖边该怎么办？”当我们讨论这个想法——他走向悬崖——我们可以联系到每当他似乎获得一些真实的接触时就陷入沉默的方式。病人表示，一想到把自己想象成一个热情、善解人意的人一点也不准确，他就感到恐惧。他沉默了大约十分钟。我也什么都没说，在他表现得比平常更开放地思考自己的态度后，等待他从封闭状态或自己的状态中走出来。事实上，他后来也谈到了自己的沉默，对自己竟然对这种沉默无动于衷表示出了惊讶。他甚至感受到了某种兴奋和喜悦。他看了看表，发现分析只剩下两分钟了。“是这样，”他说他忘了告诉我，他和妻子终于决定要孩子了——他们这几天以来一直在讨论这个问题。他还做了一个和平常不同的梦。他和妻子在海边，还有一个男孩，也许是他的儿子……还有一大家子人，都是他父母的朋友，他从小就认识他们。他和他们都相处得很好，和那些孩子们一起玩了很久……

这一切被抛诸脑后，随着他的沉默，从“悬崖”上跌落下来。而这一切都发生在他看到了一条走出其恶性循环的路，并且对我作为一个家长的形象有了一点更温暖、更亲切的感觉之后！显然他有这种感觉有一段时间了，由于他对我的认同，他敢于想象自己是一个有儿子的父亲。他可能觉得现在更安全了，也能接受自己身上最令人不快、最被排斥的部分了。换句话说，他可以直接面对更多的事情，并告诉我，看到我无力帮助他，他很高兴。在这种攻击中，嫉妒是如此明显的动机，弄清楚病人的行为是否与那些被隔离在他深层潜意识中难以重新整合的邪恶客体相认同是很有趣的。

我们可以从本能、自我结构和客体关系之间的对应关系的角度来看，可以思考许多理论意义。例如：

① 像分裂这样的破坏性防御机制是由死亡本能所激发的，它们表现出死亡本能的性质和力量。

② 分裂的过程与内在、外在客体以及分析中的分析师相关。分析师的解释以及这种解释带来的后果（比如在 X 先生的案例中，他的信任能力和生孩子的计划）都遭到拒绝，这可以在分析中观察到。但是，对分析师来说可以理解的东西，可能只有经过长时间的工作，病人才能得到这种体验。当他承认这些是他自己的冲动时，就有可能得到了这种体验，但也可能随之发生。

③ 病人发现自己陷入了重复的痛苦的经历中，并可能从中得到满足。这是一种施受虐狂的满足，它似乎有自己的生命，完全独立于自我的趋势。病人往往坚决地不肯放弃。

关于这些问题，我要提一个分析上的困难，我认为这是由一种特定形式的强迫性重复造成的，这种强迫性重复与隐藏的核心人格有关，拜昂在谈到奇异客体（bizarre objects）时提到了这一困难（Bion，1957，1958）。拜昂认为，为了摆脱无法忍受的情感，个体将他的客体碎片化并从其自我中驱逐出去。这些碎片会吞噬外在客体，或被他们所吞噬，让这些客体变得非常扭曲和具有迫害性。个体会感受到这些客体的威胁，这些客体会侵入他的身体——例如，以幻觉的形式出现。无论是成年人还是儿童，即使不是临床上的精神病性患者，只要他们的人格中存在重要的精神病区域，就会感到自己被迫与这些奇异客体达成协议。这些协议或多或少具有组织性，最终被情欲化。这样的病人与其说觉得受到了迫害，不如说觉得自己陷入了强迫行为中。由于强烈的死亡驱力和由此导致的满怀嫉羡的攻击，他们被锁定在一个恶性循环中。当精神分析师成功地与这些病人及其焦虑进行了真正的接触时——这总是一个艰难的过程——他们的嫉妒感就会加剧，因此强迫性重复也会随之加剧。

四岁的男孩阿尔托贝，在分析过程中时而出现虚拟的幻觉（恐惧灰尘颗粒），时而表现出强迫而兴奋地付诸行动。当他接触到无法忍受的感情——嫉妒、攻击性幻想和内疚的感觉——阿尔托贝弄坏代表他客体（尤其是他弟弟）的玩具，扔到一个靠着桌子、墙和柜子的空档中。这片空档后来似乎对他产生了一种不可思议的吸引力，同时也引起了他的恐惧。他开始故意地、不由自主地在里面倒下，满是兴奋。这种情况在好几次的分析中出现，其间夹杂着对灰尘的恐惧，有时他相信灰尘极具威胁地冲向他。这个空档似乎成了一个客体的表征，抓住了他的碎片。这种内在情形也重复出现在与我的关系上。他到达分析室的时候会尖叫，所以我不得不把他抱在怀里，把他抱进分析室。我注意到，他的表情经常混合着恐惧和兴奋，就像他摔倒在空档里一样。有时他停下来了，就会睡觉。

阿尔托贝的恐怖和兴奋的两种态度，帮我理解了通过他的强迫行为所锻造的奇怪联系，也理解了他如何用它们来避免更可怕的幻觉状态。当阿尔托贝允许自己摔倒，就仿佛被他们吞噬时，就像在向我展示了他如此兴奋地重复他客体的命运，好似他想安抚这些客体和他之前制造出来的新的奇异客体。我相信，许多强迫性重复有点奇怪的动作的病人，是在利用这种重复来试图把更可怕的客体拒之门外，用不变的方法来平息他们。

由于这些客体是暴力分裂的结果，侵入了随后被内摄的外在客体，它们具有入侵、破坏和捕获主体的恐怖威胁性。这个过程的激烈程度，取决于人格的一部分在多大的程度上有正常发展和建立其他客体关系的能力。如果正常的方面不足，就会导致临床意义上的精神病。在我看来，许多这种反常的强迫性重复都与人格中多少有些正常的部分有关，而这部分正拼命地与精神病性焦虑作斗争。要使它与自我的其他趋势协调一致是困难的，它有自己自动获得满足的方式（Freud，1937：225）。塑造弗洛伊德所描述的以其独自的途径来获得满足，并不是生本能及其心理表征——爱的力量，而是破坏性冲动的力量。爱代表了个体寻找客体的整合性力量。

我用这两个病例描述了分析性治愈的严重障碍。我也试着说明梅兰妮·克莱茵的偏执-分裂位的焦虑和防御组织理论，让我们对过去那些无法分析的核心有了更宽泛的理解，还能使我们在分析关系中与其有更好的接触。上述焦虑和防御组织制约着这些客体关系的命运，至于这种命运有没有可能改变，受到上述焦虑和防御组织的制约，将取决于分裂过程的暴力性，因此也取决于自体和客体碎片化的状态，还取决于病人从这种情况中获得的兴奋和满足的程度。

从病人使用分析师的方式中，我们可以想象这些病人与外部世界的关系。例如，四岁的阿尔托贝允许自己被绑在学校操场上的一棵树上，受到同学虐待。他的内心世界在外部现实中戏剧化地演绎了出来。但是，与分析师不同的是，他周围的人会对他的行为方式作出反应，并影响表演的戏剧风格。有些病人被卷入这样的行动，所以他们也跟着付诸行动。这种情况造成了极为困难的家庭关系，给孩子和父母带来痛苦。

梅兰妮·克莱茵（Melanie Klein，1946）的投射性认同（projective identification）概念帮助我们理解了一个人与外部世界的关系，在这些严重的案例中不仅如此，即使在那些不那么严重的案例中也是如此。此外，它还让我们更广泛地了解了被困在偏执-分裂位的病人与分析师之间的关系。

技术问题

当一个人主要求助于分裂和投射性认同时，他的内心冲突就变成了外在现实的冲突——人际冲突。用如此简洁的形式，其实这是一种过分简化。事实上，分裂和压抑同时以这样一种方式运作，即内部冲突的某些部分可能仍然被压抑着，而其他部分则经历了分裂和投射。可以说，越是古老的客体和无法忍受的感觉，病人就越会通过分裂和投射到其周围的人身上来处理它们。贝蒂·约瑟夫（Betty Joseph，1983）和其他一些学者（Bott-Spillius，1983）详细书写了关于分析受困于偏执-分裂位的病人的技术问题，目的是理解病人通过付诸行动来跟分析师建立的关系。

这些病人的语言和非语言交流被理解为这样一个过程，即先投射，然后和这些投射在分析师性格上的部分打交道。它们取代了病人对关心和情感的直接表达。病人试图影响分析师，激起他的反应，而不是以一种直接的方式交流。他试图让分析师把他内心世界的某个部分行动化地表现出来。从这个观点来看，分析师不再是一个与病人保持距离的观察者，而必须准备去体验病人在他身上激起或唤起的反应，并且因为这一点，相较过去，更加注意他自己对病人的情感反应。因此，他将更多的重点放在了咨询分析的互动上。正如弗洛伊德最初认为移情是分析的绊脚石，而它后来却成为分析工作的主要工具。所以今天人们将分析师的反省置于其反移情反应中，置于他对特定瞬间和病人共谋的理解中，作为他整体理解病人精神世界的重要因素。

如果我们相信病人已经把他的病理客体关系转化为分析关系，那么就没有必要“挑起一个在当时并不明显的冲突”（Freud，1937：230）。我们试图证明，人格中那些令人不快和无法忍受的方面以某种方式渗透到分析关系中，即使通过防御它们被分裂并移到远处。然后，分析师可以把它们带出水面，引发它们，让病人在重演（enact）的层面体验到（Malcolm，1986）。

我们现在会说，病人的自我被大量投射到客体和外部世界中而被削弱了，而分析师的任务之一就是帮助病人将这些投射出去的部分整合进他自身的人格中，使他能够应对自己的冲突。首先需要分析师具有让自己受到病人无法承受的感受的影响和体验的能力，病人将这些感受投射到分析师身上，激起分析师的感受，接着分析师还需要能够言语化这些感受，并将其转化为一种与病人共同的体验，帮助病人有足够的安全感来亲身体会。前提条件是病人已经内摄了一个能够面对和思考最无法忍受、最不可思议或最恶毒的事物的分析师。然而，分析师的任务并不容易，他不能站着说话不腰疼。病人的投射可能会引起分析师自身的情绪反应，有时这种不愉快的关系，甚至陷入名副其实的地狱般的感觉，这都会让他卷入病人的防御系统中，其情绪必然会受到牵制。

在《负性移情：从分裂到整合》（*Negative Transference：From Split towards Integration*）一书中，我和德福尔奇（Eskelinen de Folch & Pere Folch，1987）讨论了这种整合的重要性，并描述了分析师在实现整合的过程中遇到的一些问题。图 2-1 有助于说明我们的观点，两个恶性循环可能会阻碍整合进程：一个是由分析师与病人共谋创造的，另一个是由病人的嫉妒导致的，而这种嫉妒是源于分析师良好的解释和理解能力。

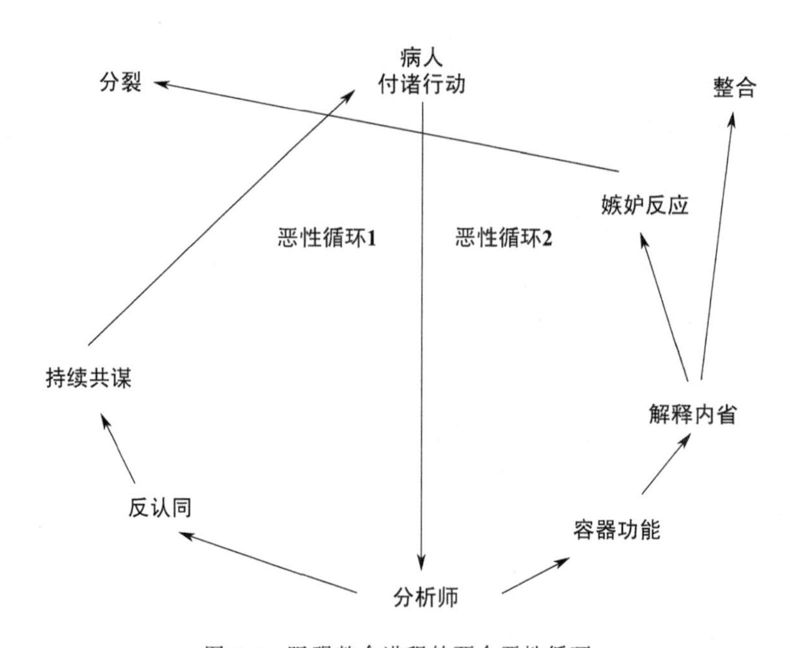

图 2-1　阻碍整合进程的两个恶性循环

分析师的共谋

如前所述，分析师可以通过自己的理解，避免病人试图将他卷入其付诸的行动中，他有一个重要的工具可以用来澄清病人的心理功能，并帮助病人重新整合之前投射出去的部分。但是，分析师也会陷入自己无法应付的情境之中，然后可能会把病人在他身上激起的或投射到他身上的东西付诸行动，从而加剧分裂。例如，一个接受分析性治疗的小女孩被强烈的嫉妒所控制，她不能容忍我和她不在一起时，我可能有性生活。她画了一幅画，画中几个孩子好像在怒目而视一对正在交配的夫妇。然后，她坚持要我抹去画中所有关于性的痕迹，还在孩子们的脸上画了一些可怜的眼泪。这使我面临一个艰难的选择。她实际上是在说："你必须做出选择。有些东西必须被抹去——要么是孩子，要么是做爱的夫妻。"面对悲伤的泪水和失去病人（她的父母分开住，小女孩威胁说要抛弃他们中的一个而和另一个住在一起）的两难境地，我不得不打消任何我可能喜欢的关于夫妻关系或性爱的想法。过了一会儿，她让我把圣诞树上的装饰球画出来。我必须用小圆圈来填充球体。显然，她想怂恿我进入一个甜蜜而美丽的圣诞节幻想中，以摆脱她把我想象成夫妻中的一方的所有不安情绪，这种想法使她极度不安。

孩子们清楚地表达了他们试图诱使分析师和父母与他们串通一气的意图，并且他们使用各种形式的强迫手段（眼泪、用抛弃来威胁、承诺良好的行为、服从，诸如此类）。在对成人和儿童的分析中，我们实际上可以利用一系列"合理的"论据来避免我们与病人打交道时最难以面对的问题。我们可能会告诉自己，孩子太脆弱了，无法正视事实，最好先建立一个更强大的自我，最好在解释负面情绪之前建立一种更牢固的移情关系，等等。

分析师与病人的防御共谋的方式就像人格结构一样多种多样。另一方面，共谋的形式可能看上去是非常"分析性"的，对在移情之外的事件中呈现出的冲突的解释，或对病人过去发生过的冲突的解释可能成为一种共谋。对最令人不安的点保持沉默，进行理性思考，或被新发现的热情冲昏头脑，都可以掩盖病人或分析师所体验到的干扰。

病人的嫉妒

第二个恶性循环是病人的嫉妒，是分析过程中难度最大的障碍。当它发生时，病人只能耐受一个将其带入歧途的分析师及其贫乏的分析。这是因为，与一位有能力、有活力的分析师接触，会加剧病人的嫉妒情绪。在弗洛伊德论文的第六节中，他指出，一些病人对疾病和痛苦依附的方式远远超出了自我和超我之间的冲突。正是在这一点上，弗洛伊德将受虐狂、负性治疗反应、内疚感与死亡本能［"这些现象明白无误地表明，精神生活中存在着一种我们称之为攻击性本能或者破坏性本能的力量。"（Freud，1937：243）］联系起来。在临床实践中，当更好、更有希望的关系出现时，病人的嫉羡反应（作为死亡本能的心理表征）阻碍了分析进展，使病人陷入重复性行为中。这些病人往往在希望和绝望之间保持一种平衡，他们已经习惯了忍受这种平衡，任何明显的进步都会让他们害怕，这将加剧他们无法控制的嫉妒。因此，分析可能停滞不前。

我们已经考虑了两个因素——隐藏的核心人格（在分析中通常以模糊和未知的形式出现）和人格在外部现实中的疏离（弗洛伊德曾指出，现在也越来越详细澄清了各种投射性认同的形式）。这些因素促使我们思考如何最好地利用《可终结与不可终结的分析》中提出的这些命题，为当今技术能揭示出来的临床事实建立理论基础。通过这些命题，也通过对移情的探索，我们可以恢复存在于多多少少碎片化的自体和客体背后的客体关系。

死亡本能和强迫性重复理论在今天可以帮助我们建构理论。死亡本能"去连接"（disconnecting）的基本特征会在实施分裂中表现出来，而生本能高度原始的整合性特征会在投射性认同的动力中起到对立的作用。在接受（内在或外在）客体中对自体的隔离和对碎片的容纳，可以同时被看作是初始精神现实灾难性混乱的原因和结果。

在我们的临床工作中，我们所说的隐藏的核心人格可能是死亡驱力作用的最险恶的结果。这是一种隔离，其唯一的命运就是不确定和模糊的状态，对这种状态的描述也暗示着一种会产生焦虑的"未知"。我提到的另外一个临床经验——在外部现实中疏离——尽管它可能具有极端的严重性，也可能是应对最具毁灭性的恐怖的方式。我敢说，在移情中（以及病人生活里的关系中）出现的重复行为，在现实中的这种疏离感中，代表着人们试图用一种不那么灾难性的方式来处理重要的创伤。这种由最具自我毁灭形式的死亡本能所驱动的创伤，导致了最初的分裂，由于这种分裂没有被合适的外部客体（好乳房或好母亲）减轻，导致自体占据了一个与所谓奇异客体保持安全距离的位置（Bion，1957，1958）。尽管如此，这些客体还是会带着毁灭性回归且威胁到自身尚未受损的部分。

参考文献

Bion, W. 1957. Differentiation of the psychotic from the non-psychotic personalities. In *Second Thoughts*, by W. Bion. London: Heinemann, 1967.

———. 1958. On hallucination. In *Second Thoughts*, by W. Bion. London: Heinemann, 1967.

Bott-Spillius, E. 1983. Some developments from the work of Melanie Klein. *Int. J. Psycho-Anal*. 64:321–32.

Folch, P., and Eskelinen de Folch, T. 1987. Negative transference: From split towards integration. *Bulletin of the European Psycho-Analytical Federation*, no. 28.

Freud, S. 1912. On the universal tendency to debasement in the sphere of love. *S.E.* 11:178–90.

———. 1920. *Beyond the pleasure principle*. *S.E.* 18: 3–64.

———. 1930. *Civilization and its discontents*. *S.E.* 21:59–145.

Joseph, B. 1983. On understanding and not understanding: some technical issues. *Int. J. Psycho-Anal*. 64:291–98.

Klein, M. 1946. Notes on some schizoid mechanisms. In *The writings of Melanie Klein*, Vol. 3. London: Hogarth, 1975.

Malcolm, R. Riesenberg. 1986. Interpretation: The past in the present. *Int. Rev. Psycho-Anal*. 13:433–43.

论元心理学与终止

阿诺德·M. 库珀（Arnold M. Cooper）[1]

几代的精神分析师都认为《可终结与不可终结的分析》是一部令人着迷、令人困惑、有着丰富思想的作品，但也因其明显的悲观主义而令人不安。这篇论文是弗洛伊德在忍受了几十年的口腔癌折磨并接受了多次手术之后写成的。他目睹了纳粹主义的兴起，并意识到世界大战的迫近。他也看到精神分析作为一种思想运动在西方世界取得了巨大的成功，他的思想战胜了他的批评者和竞争对手。然而，弗洛伊德从未承认过这一胜利，他认为，就其本质而言，文明不可能对他和他的思想表现友好。 1936 年，在他八十大寿之际，他收到的生日贺词和荣誉铺天盖地，他写信给玛丽·波拿巴（Marie Bonaparte）："我没那么容易被骗，我知道现在这个世界对我和我的工作的态度并不比二十年前友好多少。我也不指望再有任何改变，不指望像电影里那样有'皆大欢喜的结局'。"（Jones，1957）

早期在治疗症状性神经症方面取得成效，在短期治疗中就有了显著效果（尽管今天我们在回顾这些病例时，效果往往没有最初看起来那么显著），弗洛伊德是做出了最大贡献的人。后来，越来越多的人要求分析能达到"深层"或"结构性"的改变，而倾向于轻视单纯的症状缓解，认为这只是移情性治愈。分析的效果可能是来自于分析师的建议而非具体的解释，弗洛伊德本人对此一直保持警惕，而精神分析中的这种担忧到现在也还未消失。

[1] 阿诺德·M. 库珀：纽约医院康奈尔医疗中心精神病学教授，哥伦比亚大学精神分析培训与研究中心督导和培训精神分析师。他是美国精神分析协会前任主席，国际精神分析协会前任副主席，现任国际精神分析协会副秘书。

在试图理解弗洛伊德在《可终结与不可终结的分析》中的思想时，如果能知道弗洛伊德在写作前几年里做了多少分析，以及这些分析持续了多长时间会是一件很有趣的事情；但是，我一直没能找到这样的信息。

在这样的背景下，不难发现这部作品是弗洛伊德在重申精神分析一些最保守的观点。这是对精神分析治疗现状的质疑，也是对精神分析在某些方面的一次大胆尝试，这些方面被当前一些分析师认为是该领域最前沿的工作。我想要说的是，弗洛伊德保守的地方在于他坚持要完整地保留他的元心理学、坚持聚焦在神经症而不是性格障碍上，尽管他启动了自我心理学的发展。他的冒险之处就在于他为理解精神分析是永无终结的探索开辟了道路。但是，除了这两点之外，文章还有很多其他内容，我还讨论了阅读后产生的一些其他想法。

这篇论文在语气和意图上似乎都不同于他同一时期的其他论文。同年出版的《分析中的建构》（Freud，1937）遵循了他论文更为典型的形式，一开始是谦虚地否认有任何新的东西要说，接着是一个大胆而有趣的想法——把妄想理解为一种基于历史事实的自我治疗性的心理建构的尝试。这样的理解与分析师在创建重构中运用历史是平行的。《摩西与一神教》（Freud，1939）是弗洛伊德稍早一些的作品，就像贝多芬晚期的四重奏一样，是一位年老、生病、饱受折磨的大师无畏地将他的天赋发挥到前所未有的水平。相比之下，《可终结与不可终结的分析》则是对分析方法当前所面临的技术和理论问题的一种总结。这篇论文的魅力来自于它对分析性治疗的热情所采用的略微禁止的语气。这几乎就像弗洛伊德在告诉他现在已经累积起来的众多追随者，要他们记住当初学精神分析的热情，也要思考他们能力的局限性。弗洛伊德也可能是在告诉这些追随者，他不会允许别人轻易地从他自己辛苦得来的发现中获益而感到愉悦，让他们知道他们还没有站稳脚跟，还需要很多艰苦的工作和新的信息。最好的精神分析并不是一个舒适的工作。事实上，“不可能”是份舒适的工作。

弗洛伊德首先讨论了缩短分析在社会和经济上的可取性，在分析往往如此漫长的今天，缩短分析更是一个需要实现的目标。他讨论了终止分析的实际问题：“当两个条件大致满足时，就会发生这种情况：第一，患者将不再遭受症状的困扰，并且克服了焦虑和抑制；第二，分析师判断曾经被压抑的足够多的心理内容已经被患者所意识到，足够多的难以理解的材料已经得到了澄清，足够多的内在阻抗已经被消除，以至于无需再害怕病理过程的反复出现。”（Freud，1937：219）弗洛伊德随后描述了分析结束的理论意义，他说：“分析师是否对患者已经产生了如此深远的影响，以至于哪怕他继续进行分析，也不会再获得更进一步的改变。”（Freud，1937：219）他的结论是，鉴于现代对分析应该能够做什么的需求，分析肯定不会变短（Freud，1937：224）。这些雄心勃勃的目标和这种对理想的终止的独特理念构成了文章后面讨论的背景。

弗洛伊德简单讲到分析是如何工作的，他假定我们知道基本答案，没什么可补充的：“我们要探究的问题不是‘分析的疗愈性效果是如何产生的’（我认为这一问题已经被充分阐明了），而应该问是什么阻碍了这种疗愈的发生。”（Freud，1937：221）弗洛伊德似乎在这本书结尾介绍了什么是分析以及它的技术能力是什么。然而，他又提出了一些问题，即我们如何判断这个过程何时完成。他提醒我们，分析本身并不是一个事件或一个结构，不同于一件艺术品，我们可以脱离其背景孤立地审视它。它是病人生活的一部分，从这个意义上说，它永远不能单独存在，而只能作为病人持续进行的体验的一部分来进行审查。他回顾了“完全”分析的障碍——例如，由于原始创伤太大或由于本能太强大而无法分析的冲突、由于在分析期间不活跃而无法分析的冲突，以及由死亡本能衍生而来的不可逾越的障碍。最后，根本性的阉割恐惧中似乎存在着一些固有的障碍，因为它在男性和女性身上的表现是不同的。他提出质疑，从驯服一个本能的需求（Freud，1937：225）来讲，我们如何知道成功的分析已经产生了“永久”的治愈，从而不会再次因自我在其与本能的防御斗争中出现变形。他明确地表示，他对分析过程的看法受到了他做培训分析的经验的影响，也受到了他在治疗重病患者时虽然有中断但却无休止的治疗的影响：“其目标不再是缩短治疗时长的问题，而是从根本上消除他们再患病的可能性，并给他们的人格带来深远的改变。”（Freud，1937：224）

弗洛伊德在论文中一早就陈述了讨论开始时的主导立场，并揭示了我之前提到的分析工作的异常保守的观点。在将健康定义为对本能的成功驯服之后（“也就是说，本能被完全融入到自我的和谐状态中，变得可以接受自我其他部分的影响，而不再寻求以其独自的途径来获得满足”），弗洛伊德在方法论上做了两个有趣的决策。首先，他认为，在自我和本能之间，需要研究的更重要的变量是本能。其次，他断言，对本能的理解不能在临床基础上形成，而只能通过元心理学来实现。不关注自我及其与环境的相互作用，而是关注本能，这一点是至关重要的。尽管自我心理学取得了巨大的进步，人们对超我的兴趣也与日俱增，但弗洛伊德还是回到了他最早的元心理学，把最大的关注放在本能的数量上，并认为对生命最好的理解是自我（代表文明）与本能斗争的结果，而这里的本能总是与自我的目标相抵触。这一观点在弗洛伊德的理论和他的个人哲学中始终如一，这也反映在他之前给玛丽·波拿巴的信中，他拒绝承认对他和精神分析有友好的文化态度的可能性。我们应该注意到海因茨·哈特曼（Heinz Hartmann，1937）很快就出版了有关本能的预先适应（preadaptedness of the instincts）和自我的无冲突领域（conflict-free sphere of the ego）的著作。弗洛伊德似乎之前就了解哈特曼的思想，但这丝毫没有影响他的工作。弗洛伊德甚至先发制人地破坏了安娜·弗洛伊德的计划，因为她倡导对自我的分析（ego analysis），将防御作为分析工作的核心。虽然弗洛伊德充分认识到这一立场，但让他更感兴趣的是回到他早期对本能的看法上。事实上，在将心理健康描述为需要平衡本我和自我的力量之后，他选择将自我的活动视为一个常量。他考察了本能力量变化的后果，也考察了生活中本能力量增强的情况，从而使大多数防御性工作变得无能为力。几乎就像是弗洛伊德在给自我心理学和未来走向发展变迁的方向踩了刹车。

这种印象在他关于如何驯服本能的第二个方法论决策中得到了加强。弗洛伊德认为，考虑驯服本能问题的唯一途径是通过“女巫”元心理学，而不是将其作为临床问题，或许是通过追踪移情的情感方面，将情感视为本能的心理表征。他引用歌德的一句名言说：“如果有人问我们，要通过什么方式和途径才能达到这样的结果，答案是不容易找到的。我们只能说：‘那我们必须召唤女巫来帮助我们！’（*So muss denn doch die Hexe dran*！）——‘女巫’元心理学。如果没有元心理学的猜测和推理（我差点说成‘幻想’），我们将不会再向前迈出一步。不幸的是，和其他地方一样，在这个问题上我们的‘女巫’所揭示的内容既不清晰也不详尽。”（Freud，1937：225）值得注意的是，尽管这篇文章可能被抹上了悲观主义甚至是抑郁的色彩，但弗洛伊德从未失去他的智慧、他对讽刺的热衷、他的文采以及他对自己的诚实。

弗洛伊德早期元心理学的核心思想之一—— 驯服本能，我们目前对这个概念的态度已经发生了巨大的变化。一代婴儿观察者和儿童精神分析师的工作对这一观点的有效性提出了严重质疑。如果我们按照弗洛伊德的观点，把情感看作是本能的精神代表，罗伯特·埃姆德（Robert Emde，1984）和丹尼尔·斯特恩（Daniel Stern，1985）在他们关于情感发展和婴儿与母亲关系发展的研究中各自得出的结论称，驯服情感或驯服本能的概念并不能准确地代表发展过程中所发生的事宜。有证据表明，婴儿在任何时候都不会面临比他或她的生理构造所能处理的更多的本能的责任或情感。然而，还必须理解的是，目前的这些研究反映出的观点发生了深刻的变化。研究对象是婴儿和母亲，而不是婴儿。越来越多的精神分析师一致认为，在概念化婴儿的精神生活时，人际关系和客体关系的观点是必不可少的；我们不能只说婴儿，因为生物学和社会都规定了婴儿的情感（本能）生活是由母婴二人调节的。在这种观点中，量化本能或情感是不可能的，因为任何体质性的东西总是会立即与照顾者的行为相互作用以表达这些倾向。此外，母亲的行为倾向于对某些目标的表达和对其他目标的抑制，甚至是删除。与弗洛伊德的策略相反，当代发展主义者更倾向于接受婴儿的体质（本能禀赋）是相对恒定的（尽管意识到气质差异的重要性），因此更倾向于研究母亲-婴儿适应（adaptation）这一变量。

这就引出了弗洛伊德的第二个决策，即从元心理学而非临床的角度来研究驯服本能。根据我们所描述的，当代的兴趣看起来集中在张力调节、安抚和自我控制的能力上，这些能力都是在母婴二元关系中开始内化的。虽然有理论指导，但我们之前提到的那些重要贡献者们，以及桑德勒（Sandler，1987）、鲍尔比（Bowlby，1969）和马勒（Mahler，1975）等人的研究，都努力给出了临床上的理解。婴儿无法控制本能和情感的表达，但在正常的养育情况下，婴儿享受着母亲养育的调解和调节作用，其危险并不比年龄较大的儿童或成年人大，后者在很大程度上已经（但从未完全）将这一调节过程内化了。婴儿看似原始的情感表达实际上是被精心设计的，能非常有效地获得适当的母爱反应。此外，我们有理由认为哭闹的婴儿还没有完全的心理经验，因此说他们的自我在一个被压倒的状态中是不贴切的。当他在心理上经历重大的挫折时，这一挫折很可能被视为与照顾者互动的一部分，而不是完全的内在事件。对于成长中的婴儿来说，张力调节是一项发展中的任务，它可能与本能调节不太一样。然而，由烦躁情绪引起的张力是合理的研究对象。本能，正如弗洛伊德正确地指出的那样，只能放在元心理学中考虑。

转向弗洛伊德关于精神疾病发作的必要条件的讨论，现在我们很可能会选择不同的研究问题和研究方法。我们可能会对环境因素和客体关系的变化感兴趣，因为它们干扰了自我的调节和控制功能，我们会选择临床而不是元心理学的角度来研究这些状况。我们会关注婴儿的情感、客体关联（object-relatedness）和自我发展中的组织复杂性和微妙性，以及在这样的组织下婴儿如何发展自己的调节和自我安抚能力。弗洛伊德用他那个时代的语言，表达了对这些问题的兴趣，他阐述得非常清楚——例如，他对比了分析和正常自我发展取得的成就。那么，为什么弗洛伊德放弃临床观察，转而考虑元心理学呢？我不知道，但我认为有两个可能的原因：第一，他缺乏我们目前对婴儿发育方面的了解；第二，他担心如果本能理论被大幅度修改，精神分析心理学的独特性将会消失。对两种本能理论的修正，即使不是被彻底抛弃，也已经在当代精神分析中出现了——在我看来，这对精神分析理论和技术是有利的。弗洛伊德以及他之后的安娜·弗洛伊德，可能担心精神分析的范围会扩大，从而导致精神分析概念化的扩展。正如我之前指出的，如果能知道弗洛伊德在这个阶段的个人工作与临床精神分析是否有了一定的距离是很有意思的，也许他已经有几年没有开始新的漫长的分析了，因此更容易被理论所吸引。

我们也应该意识到，对本能至上概念的挑战在弗洛伊德的时代就已经开始了。史崔齐关于分析性治疗的论文（Strachey，1934）写于《可终结与不可终结的分析》之前不久。史崔齐强调分析师作为一个客体的角色，病人将其内化有助于修正超我，超我是治疗的真正媒介，我不知道弗洛伊德是否知道史崔齐的这篇文章。有趣的是，里奥瓦多（Loewald，1960；Cooper，1986）近来热衷于保留弗洛伊德的元心理学，包括“本能”这个概念，但是他觉得有必要从根本上改变弗洛伊德的元心理学观点。他完全抛弃了本能和自我的原始对立，采纳了更接近于温尼科特等人的观点，并假定本能和自我都是从母婴基质（matrix）中发展出来的。人们甚至无法想象脱离了其发展基质的本能。在这里，驯服本能的概念再次让位于相互适应的新模式，在这种模式中，研究的对象是客体表征的心理结构。那我们的目的就可以是评估系统的灵活性及其是否可达到心理分析性改变。在这里，我们更接近于临床评估，而不是元心理学推断。由乔治·克莱茵（George Klein）发起的反元心理学运动可能与将精神分析带回其临床根源方面走得太远，但我们肯定应该欢迎每一次继续讨论临床问题的机会，例如在临床层面终止分析的问题。弗洛伊德说得很对，诉诸元心理学是最后手段，而且，正如我们现在所看到的，他还没有走到用最后手段的地步。

在这篇文章对临床问题的讨论中，弗洛伊德倾向于假定冲突是相对孤立的，并且自我对每个早期本能冲突都有针对性的特定的压抑性防御。他说：“分析治疗的真正成就就在于对原始压抑过程进行修正，这一修正将会结束定量因素一直以来的主导地位。”（Freud，1937：227）对这是否真的实现过他继续表达了怀疑，因为这些定量因素仍然是最重要的。在关于神经症治疗的讨论中，弗洛伊德继续沿用这一思路，讨论了神经症自我的僵化，这是由于它被锁定在与婴儿危险的斗争中：“问题的棘手之处在于，先前用于抵御危险的防御机制会在治疗中重现，并转化为对康复的阻抗（resistances）。由此，自我将康复本身视为了一种新的危险。”（Freud，1937：238）许多当代的分析师会补充说，变化的前景被神经症自我视为一种危险，不仅因为被禁止的冲动有被唤醒的威胁，而且还因为自我功能或态度的任何变化都威胁到由习惯和熟悉所代表的安全感和连贯性。正如弗洛伊德自己所指出的：“成人的自我……不得不从现实中找出一些情境，来作为原初危险的近似替代品，这样就能够证明它维持惯用的反应模式是合理的。”（Freud，1937：238）有人可能会把这解释为，自我更关心自身的连贯性和一致性，而不是最初的危险。成人病理的一个关键问题是，当前的问题在多大程度上是持续地避免原始危险的需要，还是失败的自我修复过程被僵化地、内在地认为这就是本质的自我。今天在这个问题上仍没有一致意见。

所有这些都让我们想到弗洛伊德提出的一个有趣的问题，即分析的能力如何确保病人将来不会因分析时处于休眠状态的冲突的复活而患上神经症性疾病。他的结论是，这样的保证是不可能的。因为在分析中，我们不能人为地复活一种休眠的冲突，所以这种冲突在当时不会引起病人的焦虑。进而我们也不能用增强自我的方式来对抗这样的冲突，因为它不活跃，所以在分析过程中也不会出现防御。如今，许多分析师将心理视为一个完全相互连接的网络——从任何一点进入，原则上都可以访问其他任何一点。但是弗洛伊德，这位发现了如此多不同的精神生活线索的人，却倾向于认为它们更是各自分离的。一个人可以采用广泛的内部联系的观点，认为即使不分析那个特定的、先前休眠的冲突问题，一个具有新的内部一致性和灵活性的自我可以处理激活的冲突。在我最后的讨论中考察精神分析的叙事观点与分析终止的关系时，会回到这个有趣的问题上来。争论的焦点是心理冲突是不是决定神经症的首要因素，还是说决定因素是自我或自我结构的弱点或异常。再说一次，尽管分析师普遍偏离了弗洛伊德所暗示的对冲突相当严格的孤立，但对于我们应该在多大程度上脱离弗洛伊德的观点，今天肯定没有达成一致。值得注意的是，在这篇论文中，不同于一些早期的论文，弗洛伊德很少关注我们现在所说的内部客体世界。本质上，他回避了心理表征的任何方面，除了讨论直接唤醒原始创伤。他对人格障碍也给予了相对较少的关注，在现代精神分析中，人格障碍已经完全取代了神经症，成为我们治疗的对象。事实上，在 1926 年的《抑制、症状与焦虑》一书中开辟了许多有趣的道路，特别是情感在精神生活和神经症中的作用得到展开叙述的机会被遗漏了。

弗洛伊德接着讨论了一些关于心理结构的问题，并对人格特征的遗传性提出了非常先进的观点，他得出结论说，自我遗传（生物学上）的特征消除了自我和本我之间的地形学差异。这使他开始讨论那些无法定位于结构的特殊阻抗，这些阻抗似乎“依赖于心理装置的基本条件”（Freud，1937：

241）。他描述了：①力比多的黏滞性；②力比多过度的流动性；③力比多过度的刚性。我觉得这个列举很有意思，因为这三个群体恰好代表了那些今天被认为患有严重人格障碍的患者。这些研究特别有趣，因为我们可以从他们身上了解到有关前俄狄浦斯期发展的情况，也因为有些患者对药物制剂的潜在反应。

“黏滞性力比多”（sticky libido）病人（第一组）可以被描述为那些分离焦虑过度的人，通常处于边缘性人格结构。有些会被认为是惊恐焦虑的形式，有潜在形成恐怖症的可能。我们同意这样的性格有重要的遗传因素，但是我们也可以从前俄狄浦斯期的发展中来了解这些病人的依附、无冒险精神的本性。他们中的许多人被证明各种抗抑郁和抗焦虑药物对其有效。第二组病人可能会被认为属于自恋的范畴，根据自体的缺陷结构进行分析，要么害怕依恋，要么无法进行情感连接。我们现在再次对最早期发展起来的客体相关的本质以及它在移情中的复苏感兴趣。第三组可能是最令人困惑的，人们可能会对他们的神经结构以及心理的可塑性提出质疑。他们很可能被视为因未能与照顾者建立共情性的关系而在前俄狄浦斯期遭受了过度的伤害。虽然我们可能也和弗洛伊德一样对治疗持悲观主义，但我们会尝试探索这种僵化所防御的自恋损伤。同样非常清楚的是，在理解这种心理动力动脉过早硬化方面，我们今天就算有的话，也并不比弗洛伊德聪明多少。

弗洛伊德继续探索心理动力学治疗成功或失败的要素时，讨论了让分析工作变得有效的那些分析师自身的特征。他期望“一定程度的心理正常和正确性”，他的缺陷不会干扰他对病人的评估和反应。他还说：“分析师还必须具备某种优势，以便在某些分析情境中他可以充当患者的榜样，而在另一些情境中他可以成为患者的老师。”（Freud，1937：248）最后，分析师必须热爱真理。现在有个笑话说，有些分析师或弗洛伊德那一代的人是如此的“疯狂”，放在如今可能不会被接收进入培训分析，尽管弗洛伊德热衷于他的“精神现实”，但他毫不掩饰地认为分析师的现实观要优于他的病人，而且分析师必须是一个可以被理想化的人。很明显，他的意思是分析师应该有值得被理想化的特质，这并不是简单地指病人有理想化移情的倾向。弗洛伊德列出了这些个人特征，却并没有试图将它们与他所讨论的分析治疗理论联系起来。但是在病人将自己塑造成一个优秀的人或内化一个好客体的看法中至少隐含了在分析性改变上的不同理论，而这在通过解释解除压抑的方式中是没有的。弗洛伊德没有在此论文中讨论治愈理论（theory of cure）的这两个部分，但他经常在其他地方提到。治疗过程的人际关系情景不能轻易地用心理内部冲突的语言来表达——这是分析性理论中一直存在的问题。

令人好奇的是，弗洛伊德在承认分析所需要的复杂性、深度和时间的同时，建议分析师在培训中对没有陈述的“实际原因”进行“简短和不完整”的分析。它的目的仅仅是给病人一个“潜意识存在的坚定信念”。弗洛伊德认为，“重塑自我的过程”在年轻分析师的教育和体验过程中自发地持续着。为什么一个简短的分析会自发地、令人满意地继续下去，而对其他人却不是如此呢？这大概是因为分析师不断地沉浸在心理动力学过程中，一旦相信了潜意识，他们就会持续地改变自己。有人可能会推断，他们认为分析师的典范就是弗洛伊德本人，而弗洛伊德理所当然地认为，任何从事精神分析的人，在某种意义上都会无意识地继续成为他分析的对象。

与此同时，弗洛伊德认为，在进行分析工作的过程中，本能需求的不断搅动是危险的来源。因此，他建议：“每个分析师都应该定期（大约每隔五年）接受自我分析，并且不会为这么做而感到羞耻。这就意味着，不仅是对病人的分析，分析师对自己的分析，也将从一项可终结的任务变成一项不可终结的任务。”（Freud，1937：249）可以肯定地说，当今的精神分析师并没有遵循弗洛伊德的建议。尽管进入第二次分析的频率很高，但它们通常是出于对训练分析的不满（Cooper，ed.，1986）或者因为生活危机事件而进行的，而不是因为本能压力的积累和防御能力的削弱。我们应该把这解释为现代精神分析师的严重失败，还是说这表明弗洛伊德有关分析工作增加了从业者的本能性危险的观点是错误的？我认为是后者。抛开本能的观点，我们可能会认为，成为精神分析师对一个人的心理健康是有好处的。我们有机会浏览病人表现出的无数防御机制，以及一个人几乎自动（也许是不可避免）地会将自己的心理活动与他在病人身上看到的心理活动进行比较，这为前意识进入意识提供了无数机会。有时候，甚至之前有的潜意识冲突也会被带入到意识中来。

我相信，分析师为别人提供了一个无需有罪疚感的承认自己有困难的机会，站在这样的立场上也带有“病人的情况比我更糟”的免责条款。虽然在进行精神分析的过程中会出现各种本能的唤起，但它们都受到分析情境的严格限制，大多数情况下不会有行动的威胁，对本能唤起的觉察是被批准的，甚至是被奖励的，这种准则需要我们不断地自我审视，以准确地把握我们自身内心的这些电流。我们的道德观念认为，我们身上存在着病人身上所有的缺陷，尽管这些缺陷的成分和数量各不相同。我们也知道，精神分析师在他的职业角色中，与他在生活中其他地方并不是同一个人。作为受到职业角色保护的精神分析师，我们通常会比在其他现实情况下更无私、更有同理心，在其他现实情况下，我们可能会更敏锐地感受到对我们安全感的威胁。弗洛伊德的天才之处在于，他设计了精神分析情境，这样精神分析师就能被巧妙地保护着，以避免心理风险。

在论文的最后一部分，弗洛伊德回到了他反复提及的主题之一，即两性在解剖学上的差异所带来的后果。在这里，他找到了精神分析潜力的一块基石。几年前，在他围绕女性气质的发言中引起了女性的愤怒，其中有一次他提到了“对女性气质的否定”，这在两性中都有出现，是“人类精神生活中的显著特征”（Freud，1937：250）。费伦奇说他成功地分析了女性对阴茎的嫉羡和男性对其他男性的被动性恐惧，弗洛伊德（Freud，1937：252-253）驳斥他说：

在分析工作中，最痛苦的时刻莫过于，当我们试图说服一个女人，让她放弃她自己都无法意识到的她对阴茎的渴望，或是当我们想要说服一个男人，让他相信被动的态度并不总是意味着阉割，女性气质在生活的很多关系中都是必不可少的。这种受挫的痛苦比所有努力都白费还要郁闷，比怀疑自己是在“对牛弹琴”还要糟心。男性反叛式的过度补偿是最强的移情阻抗之一。他拒绝让自己屈从于一个父亲的替代品，也不会因为任何事情而觉得亏欠于他，因此，他拒绝接受医生带给他的康复。女性想要阴茎的愿望不会产生类似的移情，但这是她爆发严重抑郁症的根源，这是因为她内心有一个信

念，觉得分析毫无用处，无法为她提供任何帮助。特别是当我们认识到，女性前来接受治疗，她最大的动机就是希望自己仍有可能获得一个男性器官（没有这个器官对她来说是那么的痛苦）时，我们也只好认同她的这种信念。

但我们也从中学到，阻抗以何种形式出现，它是否是一种移情，这都不重要。起决定性作用的仍然是，阻抗妨碍了任何变化的发生——一切都保持原样。我们经常会有这样的印象，经由对阴茎的渴望和男性抗议带领我们穿透了心理的所有岩层，触及到了最底部的基石，似乎我们的活动也到达了终点。可能真是如此，因为在精神领域中，生物学领域确实起着潜在的基石的作用。对女性气质的否定只不过是生物学上的事实，只是性这个伟大谜题的一部分 。在分析性治疗中，很难说我们是否，以及何时成功地掌握了这个因素。我们只能安慰自己，我们确信自己已经竭尽所能，鼓励被分析者重新审视和修正他对女性气质的态度。

弗洛伊德以这些评论作为论文的结尾，他的结论是奇怪的，因为它呼吁用生物学来解释这个临床困境，而不是坚持用分析性工具试着去理解，在纯粹的精神分析的基础上，为什么阉割焦虑如此棘手。这与论文一开始采用的策略相似，即通过回归元心理学来理解本能是如何被驯服的。可能弗洛伊德不愿回到前俄狄浦斯的主题，在他的论文中几乎并不情愿揭示“女性性欲”（Freud，1931）。在早先的论文（Cooper，1986b）中， 我已经提到阉割焦虑达到了其在精神生活中的核心地位，作为最接近潜意识深处的代表，前俄狄浦斯期焦虑与丧失认同、边界或身体——某种湮灭的恐惧形式有关，这涉及自体形成的最早状态。弗洛伊德在理解他的结论时，不愿意看到心理发展的基础先于俄狄浦斯阶段。他似乎为精神分析设定了界限，声称任何超越阉割焦虑的东西都是纯生物学的。

对此，我们应该注意几点。如今，很少有分析师认为，女性患者“接受治疗的最强动机”是“希望她最终能获得男性器官”。更确切地说，不是不质疑阴茎嫉羡的存在，而是我们相信阴茎嫉羡在很大程度上并非归因于解剖学，而是与阴茎象征的两个方面有关——阴茎代表男性特权、阴茎代表前俄狄浦斯时期与强大母亲的成功分离。自尊和客体关系也是重要的问题，这些问题不能以任何形式归结为阴茎嫉羡。弗洛伊德没有注意到社会对女性的态度。他对这些问题不感兴趣，可能是因为他不愿扰乱或干涉男性毋庸置疑的权威。这可能阻碍了他更深层次分析阴茎嫉羡的能力。

男性抗议（一个人无法接受对另一个人的被动态度）的奇妙问题仍然悬而未决。弗洛伊德有着让男病人屈从于他隐藏的需要——事实上，是他希望所有病人屈从。治疗需要病人接受对父亲般的服从，或者至少要认为他从医生那里“得到”康复。弗洛伊德似乎把这当作一个事实而不是一个有待分析的幻想。他似乎相信在治疗情境中对被动性的阻抗是病人与另一个人即分析师的真实关系中的真实被动性，而不是在一些男性身上唤起的可怕的被动性幻想。在接受康复来自于医生和感激地接受医生作为康复的推动者之间，有一条细微的又很重要的划分界限。今天，许多分析师认为被动性的某些关键方面很容易被追溯到与母亲的冲突上。在这样的观点中，这种对另一个男性的被动态度的恐惧，代表了对强大母亲的早期恐惧的一种置换，或者，我们观察到渴望对另一个男性采取被动态度的同性恋，同时无意识地幻想着受一个全能母亲的摆布。弗洛伊德对“基石”的看法可能是正确的，但他得出结论说男性抗议和阴茎嫉羡是基本的恐惧，而不是反映其他可供分析的潜在的愿望和恐惧，这一点是值得质疑的。从理论上讲，我们最好不要处于一种不舒服的状态，即假定自然界构建了一个男性化的世界，在这个世界里，所有女性都注定会因为生理上对女性化的抵触而感到特别不舒服。

分析基石（或“不可终结”）的想法提出了一个问题，即在个人人格中有什么是分析探索所无法触及的，尽管它确实影响了分析过程。弗洛伊德关于强迫性重复的观点符合这种情况，因为强迫性重复被视为精神生活中的一种力量，可能源自死亡本能，而不适合通过语言来探索。这是隐含在他的观点中的，“精神生活中存在着一种我们称之为攻击性本能或者破坏性本能的力量。根据其目的，我们可以追溯到生物身上最原初的死亡本能”（Freud，1937：243），一种抵抗健康或改变的力量，可以解释受虐和负性治疗反应。温尼科特（Winnicott，1960）从不同的角度提出了类似的观点，他把正常的成年人描述为一个“孤立的”人，保护自己不受任何对真实自我的侵犯。长期以来，分析师一直认为，病人不会感谢我们真正成功的分析，因为这些分析触犯了最深处的自体感。在我们分析得比较好的案例中，病人对分析过程的记忆非常少，并且会建立新的、牢固的边界来防止这种深度的外来入侵。假设在保护内在自体不受侵犯的过程中关乎到了某种健康问题，分析越是雄心勃勃，不仅会让分析变得更困难，而且还会进入相对非心理的领域即早期的前俄狄浦斯模式，至少在开始阶段这些模式只能通过非语言表现而不是通过自由联想来对其进行分析。这些问题似乎更像是分析的基石，而不是弗洛伊德所描述的临床上的障碍。

除了弗洛伊德在其论文的不同部分提出的独特论点之外，我们应该记住他的总体临床结论是什么，以及它们是否符合我们自己的分析经验。弗洛伊德提醒我们，在性格神经症中，我们没有明确的终点。我们不得不同意这一点。他也提醒我们在精神分析中阻抗改变的内在本质。无论是否相信死亡本能，大多数分析师都被分析变化缓慢、在分析移情和阻抗过程中无休止的重复，以及无处不在的受虐现象所震惊。弗洛伊德对戏剧性分析的成功持怀疑态度，这无疑是正确的（Freud，1937：229）。他强调了知识本身所起的作用多么小，病人对自己在分析中所学到的东西的坚定信念是多么关键。事实上，弗洛伊德认为，对潜意识本质的坚定信念，是培训分析最重要的成就。再一次，我们认识到在分析中的“知道”（knowing）与“知道”本身的区别这一旧问题。事实上，在这篇论文中，弗洛伊德的非凡见解可以列举出一长串。

最后，我想讨论这篇文章中隐含的一个观点，它涉及现代文学和哲学中我们如何构建宇宙的观点。当代关于精神分析过程的一个重要观点，给分析带来了起源于文学批评的视角，虽然弗洛伊德的论文中对这些观点做了铺垫，但依照解释学观点，精神分析是一个叙事建构的过程。在分析的过程中，分析师和病人共同创造出越来越复杂、连贯和完整的病人生活故事版本。超越其最原始的核心，自体由历史或叙述组成，这些历史或叙述将构成人的无限的思想、感受和行动联系在一起。在《可终结与不可终结的分析》一文中，弗洛伊德预见了当代文学批评中最现代的趋势，认为个人或生活故事或叙述永远不会真正结束，没有尽头。文学评论家弗兰克·克莫德（Frank

Kermode，1972）在《讲述的艺术》（*The Art of Telling*）一书中指出，任何伟大的小说都没有结尾或真正的结局（如果你愿意，可以称之为终止）。结尾的缺失在现代小说中是很明显的，但是小说一直以来都会为角色的延续和叙述的延续而有所设计。这就是为什么任何一部好小说适合任何时代，并可对其文本进行无尽的新的诠释。弗洛伊德在本文中描述的分析，就和文学批评一样，都产生了无尽的结局，总是存在故事的另一种版本或解释的可能性，而且每重读一遍都会产生不同的意义。

克莫德指出，给故事一个清晰的结局是一个相对较新的想法，在中世纪文学中还不为人所知。在中世纪文学中，一个故事的几个不同版本并存，对故事有重大的更改，并不会让人感到矛盾也不会让故事终结。现代精神分析的叙述观强调大的建构，而不是狭隘地解释冲突，因为它假定总是存在多种可能性。就像一部伟大的小说，任何一个人的性格都会呈现出不同的一面，在不同的条件下也会有不同的理解。对于小说来说，不同的环境是不同的文化，这就产生了有不同理解的读者。对分析而言，不同的环境是一组新的移情-反移情关系，这种不同可以新出现在每次分析中，或者（更粗略地说）在病人生命的不同阶段，或者与不同分析师的关系中。

从这个观点出发，弗洛伊德提出的唤醒沉睡的冲突的问题就有了不同的视角。正如前面所指出的，当代的分析师不太可能把冲突看作是孤立的，每一种冲突都有自己的一套特殊防御系统。从叙述的角度来看，我们很可能认为人格是缠绕在一起的，一根所有的结都连接在一起的复杂绳索。我们可以从任何点开始解，并将引导到所有其他点上。冲突不是孤立的，而是整体人格持续的表现，处理一些重要的冲突会开始对其他表面上不明显的冲突产生影响，这是一个普遍的经验，在做分析时，在分析工作中没有被强调的症状会因为其他问题导致的性格重组而消失。例如，在强调自恋事宜的分析中，轻度的恐怖症、性的症状和进食障碍常常在分析过程中“自我治愈”。弗洛伊德说，似乎所有的冲突都已经浓缩在个人内部，有待分析来揭示。许多当代分析师倾向于认为冲突是无休止的、创造性的人类行为，人格组织的整体水平将决定一个人是否会有病态的后果。不可终结的分析问题并不是唤醒沉睡的冲突，而是认识到，在适应新生活的过程中，总会出现对人不同角度的看法。在这种不同的情况下，人格的适应会带来不同的冲突，其中一些是无法预测的。

在讨论了许多不同的观点之后，我最后想强调我很赞同的弗洛伊德的观点。“治疗性”分析并不是分析所有休眠的冲突，而是让自我能力充分重组，从而使意识和潜意识元素有更大的一致性。接受潜意识进入意识的趋势，这样潜意识冲突和愿望一些新的方面就可以被自我所用，这个自我既不严格地敌视潜意识倾向，也不在无法接受的愿望出现之前被动地被恐吓住。在弗洛伊德提出的所有技术问题之上，这是他的基本立场。分析确实是不可终结的，因为人格在不断地重塑自己。作为分析师，我们的工作是试图突破弗洛伊德所遭遇的基石，增加人类的潜力。

参考文献

Bowlby, J. 1969. *Attachment and loss*. Vol. I, *Attachment*. New York: Basic Books.

Cooper, A. M. 1986a. On "On the therapeutic action of psychoanalysis" by Hans Loewald: A psychoanalytic classic revisited. Paper presented to the Association for Psychoanalytic Medicine, New York.

———. 1986b. What men fear: The façade of castration anxiety. In *Psychology of men: New psychoanalytic perspectives*. New York: Basic Books.

Cooper, A. M., ed. 1986. *The termination of the training analysis: Process, expectations, achievements*. IPA Monograph, no.5.

Emde, R., and Harmon, R. J., eds. 1984. *Continuities and discontinuities in development*. New York and London: Plenum Press.

Freud, S. 1926. *Inhibitions, symptoms and anxiety*. *S.E.* 20:77–178.

———. 1931. Female sexuality. *S.E.* 21:223–46.

———. 1937. Constructions in analysis. *S.E.* 23:255–70.

———. 1939. *Moses and monotheism*. *S.E.* 23:3–138.

Hartmann, H. 1939. *Ego psychology and the problem of adaptation*. New York: International Universities Press, 1958.

Jones, E. 1957. *The life and work of Sigmund Freud*. Vol. 3. New York: Basic Books.

Kermode, F. 1972. *The art of telling*. Cambridge, Mass.: Harvard University Press.

Loewald, H. 1960. On the therapeutic action of psycho-analysis. *Int. J. Psycho-Anal*. 41:16–33.

Mahler, M. S.; Pine, F.; and Bergman, A. 1975. *The psychological birth of the human infant*. New York: Basic Books.

Sandler, J. 1987. *From safety to superego*. New York: Guilford Press; London: Karnac.

Stern, D. N. 1985. *The interpersonal world of the infant*. New York: Basic Books.

Strachey, J. 1934. The nature of the therapeutic action of psycho-analysis. *Int. J. Psycho-Anal*. 15:127–59.

Winnicott, D. W. 1960. Ego distortion in terms of true and false self. In *The maturational processes and the facilitating environment*, 140–52. New York: International Universities Press.

弗洛伊德晚期作品中的本能[1]

安德烈·格林（André Green）[2]

《可终结与不可终结的分析》可以被视为三联画的其中一幅画，与《精神分析大纲》《摩西和一神论》共同构成一个整体，成了弗洛伊德的遗嘱。《精神分析大纲》（Freud，1940；未完成）汇集了精神分析理论要点，《摩西和一神论》（Freud，1939）阐明了精神分析的非治疗性应用。弗洛伊德在这里将我们的犹太-基督教文明的文化发展与实现弑父的后果联系起来。这对他来说是一个特别重要的因素，就像俄狄浦斯情结，被称为神经症的核心情结，也被称为父亲情结（father complex）。为了使这组作品连贯一致，我们可以这样设想《可终结与不可终结的分析》的副标题："为什么俄狄浦斯情结不能被处理掉？"原因很容易被误解：与其将这一失败归咎于失败之前发生的事情，不仅发生在失败前，还只是外因，还不如去追究其对失败过早或过于突然的预示的责任。其原始形态是通过本能表达出来的，在不扭曲弗洛伊德的观点的情况下，我们可以假定，尽管它们的表现形式是最基本的，但它们却只是一种本能的载体，俄狄浦斯情结充分发挥了这种本能，但它并不是单独创造的，或者说，不是自己创造的。

---

[1] 关于弗洛伊德的术语"*Trieb*"，不可避免地要提及一些翻译上的问题。格林博士在法语原版中使用了"*pulsion*"（决定人格发展的潜意识驱力——译者注）这个词。从法语翻译而来的英语在"drive"（驱力）和"instinct"（本能）之间抉择。我们知道，美国学者最常使用的是前者，而英国学者通常使用的是后者。格林博士接受了遵循英式英语用法的建议。在格林博士看来，这并不意味着弗洛伊德的"*Trieb*"概念和生物学的"本能"概念之间的差距就会缩小。

[2] 安德烈·格林：巴黎精神分析研究所前主任和巴黎精神分析学会的前主席，并担任国际精神分析协会副主席。他的著作包括《私人的疯狂》（*On Private Madness*）和《生活的话语》（*Le Discours Vivant*）。

《可终结与不可终结的分析》有着独特的价值，让我们对弗洛伊德的精神分析作为一种治疗方法的概念有了相当准确的印象。在这里弗洛伊德不可避免地诉诸概念来考虑临床经验。首先，他试图只使用那些在他看来对理解神经症成因和精神分析治疗揭示这些成因的方式至关重要的概念，主要是那些实现分析目标的障碍，“将人从神经症症状、压抑和性格异常中解放出来”（Freud，1937：216）。实现这个目标是一种理想的结果，因为弗洛伊德在他的整个论文中都强调了相关的局限性，并不是所有的局限性都可以归咎为分析师的无能。

弗洛伊德越是发展他的观点，那些本来限定了范畴的最初概念越是有了更广泛的探索空间，尤其为了解释失败的分析。这使得他的许多同事不同意他的观点，并把他的观点归结为他个人的悲观主义，因为年纪大了而加剧了这种悲观情绪。事实上，弗洛伊德本人多年来已经不再认为自己是一个“治疗狂热者”，如果他曾经确实是的话。这种推测合理吗？长期以来，批评都集中在存在死亡本能的假设上，这本身就是一个有争议的话题。精神分析思想的发展碰巧表明，在最普遍的意义上理解的本能概念得到了重大的保留。因此，本文将主要讨论一般意义上的本能，而忽略死亡本能这个棘手的问题❶。首先，我将简要回顾一下目前的一些观点，然后再思考这些批评提出的替代观点实际上是否涵盖了弗洛伊德理论的同一领域。

我们知道，最近对精神分析理论的重构是针对弗洛伊德的本能或驱力理论的。许多学者在这方面对弗洛伊德的观点进行了批评，因为他们认为弗洛伊德关于心理生活的生物学基础的假设是值得怀疑的，或者因为在他们看来，心理生活暗示着与生物组织的不连续性，或者因为现代生物学的发现与本能概念的内容之间不可能找到联系。换句话说，弗洛伊德时代的生物学和今天的生物学之间已经出现了这样一条鸿沟，对今天的生物学家来说，精神分析的假设似乎更不可信了，而我们归功于生物学家的知识似乎也越来越不足以解释精神分析研究的现象。我的观察并不局限于当代生物学家和动物行为学家与弗洛伊德之间有关“本能”（*Trieb*）的争论，而是希望将其延伸到

❶ 感兴趣的读者可以参考法国大学出版社 1986 年以法语出版的《死亡本能》（*La pulsion de mort*），记录了我在一次欧洲精神分析协会研讨会上就这个问题发表的看法。

精神生活根源的整体概念，这些概念是神经生物学家和弗洛伊德所假设的思想的基础。

就精神分析师而言，他们倾向于保守地解释弗洛伊德的思想。因此，当神经结构逐渐让位于非神经结构时，作为精神分析思想的整个理性基础开始瓦解。毕竟，如果神经症是“倒错的反面”，而倒错或多或少是本能功能运作的直接表现，那么我们似乎应该得出这样的结论：用另一种标准（如“非神经症”）取代“神经症”的临床标准，可能会揭示出一种不同于本能的参数。事实上，多年过去了，人们可能会怀疑，精神分析学界作为一个整体，是否比它想要表现的更不情愿地承认除了严格的性本能和攻击性本能之外，还有其他本能的存在，例如“自我本能”的概念是否曾经被精神分析师真正吸收。这意味着，从本质上讲，精神分析师正在逐渐回归本能和自我的前精神分析概念，但通过保留其他问题较少的精神分析概念（例如，对抗焦虑的防御机制），设法不回到前弗洛伊德时代。

下面我将简要概述一些不同的观点。我不会详述，因为在此只想综述当下的不同观点。

那些从根本上反对本能概念的人。在弗洛伊德精神分析领域（广义上），这一群体主要包括费尔贝恩（Fairbairn）和冈特里普（Guntrip），前者以客体关系的概念取代了本能的概念，后者扩展了费尔贝恩的理论。最近，一些美国学者试图将弗洛伊德的作品一分为二，将他们认为经不起时间考验的元心理学观点和临床概念区分开来。他们希望用新的理论取代本能的概念来重新阐述弗洛伊德的临床概念。他们认为，精神分析所关注的是与动机和意义有关的现象，要么采用更清晰的心理学概念（M. Gill），要么有更明确的语言参照（分析性体验是以语言为基础的），才能更好地理解这些现象。这种变化可以用一种特定的方法来表达［如谢弗（R. Schafer）的“动作语言”（action language）］，也可以涵盖在更广泛的解释学类型中（M. Edelson）。

使本能概念相对化的人。梅兰妮·克莱茵始终坚持弗洛伊德的本能二元论，尽管她的解释非常不同。她还捍卫了从生命一开始就存在客体关系的观点。在这一点上，她既不同于弗洛伊德，也不同于费尔贝恩，费尔贝恩在他的理论中排除了本能的根本性作用。然而，随着克莱茵学派思想的发展，克莱茵在本能表达与客体关系之间保持的平衡，越来越多地转向了支持客体关系、古老的焦虑和原始防御。

虽然温尼科特承认本能生命（instinctual life）的重要性，但他认为在原始自我形成并有能力观察其情感之后，本能生命才得以开始。因此，对他来说，这只是次要的表现。然而，温尼科特几乎是当代理论家中唯一在隔开内在和外在的交界处提出象征理论的人；在这方面，不同于梅兰妮·克莱茵，克莱茵认为这仅仅是一个只涉及内在客体的过程；也不同于拉康，拉康将此关联到本能生命与语言的关系。

自我心理学驳斥了弗洛伊德关于原始本我的观点，认为自我与原始本我是有区别的。因此，它假定这两个机构有一个独立的起源，甚至主张在自我中存在一个没有冲突的区域。这个学派注定要对本我的影响加以限制。同样，在用与性欲同等的攻击性概念取代死亡本能的过程中，它缓和了弗洛伊德关于最后本能理论的激进主义。即使哈特曼仍然相信本能的重要性，错误地以为在未来大家会意识到本能的作用比他们当时认为的要大。科胡特进一步强调了这种相对性，他在本能和自体以及自恋的变迁之间设定了一种对立。因此，他与弗洛伊德的论点——自恋源自自我本能的转换——拉开了距离。这些理论变化倾向于更加共情的反移情态度，而不是弗洛伊德方法意义上的分析。

最后还有拉康，他承认本能在弗洛伊德理论体系中的中心地位，但他将本能置于能指（signifier）的首要地位之下。虽然拉康试图赋予能指与索绪尔的语言学意义不同的精神分析意义，但始终没有充分阐明拉康能指与索绪尔能指的区别。

那些保留本能概念的本质，但在细节上进行了改变的人。在这群人中，有许多非拉康派的法国理论家。由于他们对弗洛伊德理论的重新定义并没有实质上对其基本原理提出质疑，我在这里将不详细考察[1]。

---

[1] 在对弗洛伊德概念的许多不同的解释中，拉普兰齐特别值得一提。拉普兰齐认为"*Trieb*"的概念仍然是有用的，尽管他改变了其内容，用了"源-客体"（source-object）的概念：内射的客体作为刺激源，就像弗洛伊德关于本能来源的概念一样。

这个在当代精神分析理论中所代表的主要学派的概要并不是真正意义上的文献综述，而只是简单地描述在精神分析师之间的讨论中出现的一般趋势。本文所述的精神分析思想的发展既可归因于临床经验，也可归因于从精神分析之外获得的知识中获益的愿望（其中一些知识是由从事相关领域工作的精神分析师收集的）。造成这种状况的原因很容易理解，总结如下：

① 真正的困难在于理解非神经性结构的精神分析材料的复杂性，而不是用精神分析术语的释义。

② 希望在概念工具解码的事实领域获得帮助，这些概念工具没有弗洛伊德思想的理论工具的模糊性、隐晦性和复杂性。

③ 传播容易吸收的知识的需要。

④ 希望减少分析思维和相关学科方法之间的差异，以保住精神分析在学术和科学界的位置。

但是，不能允许这些间接理由占了上风。我认为，重要的不是精神分析理论的假设是否符合现实，或者以科学的标准来说是否可被接受，而是给我的概念是否能让我有可能以其概括性来想象心理的功能运作。个别临床病例所呈现出的这种功能的不同形象，可被视为通过这一概念所能瞥见的方方面面。

现在让我们回到弗洛伊德的论文。我们看到弗洛伊德尽量保持在与我们的问题相关的一般范围内。关于本能，他的陈述被限制在最广泛的可能的构想中，总是以成对的方式来表达（力比多的黏滞性-惰性、生本能-死亡本能、异性恋-同性恋、男性化-女性化）。弗洛伊德在这里并没有提到本能的不同组成部分（来源、压力、客体、目标），也无法判定他是否已经放弃了这个构想。但他似乎仍然忠实于对比对（contrasting pairs）的想法。

交由分析的材料是一个整体，其不同的组成部分要么与自我相关，要么与本能相关，是作为相互制约的相对力量来考虑的。这一对力量由创伤这个随机因素（其决定性作用是随机的）作为补充。根据时机和形式的不同，创伤可能会明显地改变自我和本能这两个决定因素，也许改变其中一个，也许都会改变。这种构造有时会导致病理性组织的出现，弗洛伊德宣称这些组织的本质是无法进行精神分析治疗的，有时也会导致只有在治疗开始后才出现分析不可及的病理。因此，一开始就存在着不可预见性，有时会通往成功，有时会走向失败。弗洛伊德的全部兴趣都集中在失败的情况上。

然而，当弗洛伊德被诱导着去思考追溯到生命之初的历史情形时，他不得不指出，自我和本我（即本能）之间的区别不再只是推断性观点关注的问题了。然而，在我看来，从理论和临床的角度来看这仍然是有趣的，因为这里暗示的是，自我组织的不稳定性使得自我容易受到本能需求的伤害。因此，早期创伤的影响很容易与本能的意外强化的影响相混淆。另一种情况是，如果早期的创伤可能会导致地形剧变，就好像本能负担的重量是从外部施加的。这样自我就必须采取心理封闭和限制的措施，如此极大地限制自我成长的能力，因为这种成长是经由吸收后来的快乐源泉而来的。

创伤包括什么？虽然弗洛伊德在文中不断地提到这个问题，但它并没有真正回答。如果想当然地认为创伤影响了自我脆弱的组织能力，这并不意味着弗洛伊德认为在本能逃离了自我的作用范围，创伤总是代表了本能的胜利。我们必须小心，不要把本能的胜利仅仅与力比多本能的满足混为一谈。主要存在两组对立本能的假设来避免这种可能的混淆，因为防止情欲本能得到满足的结果可能是毁灭性本能的部署和满足。因此，本能的胜利和自我的失败最终将意味着不可能通过客体来满足本能，客体不仅施以文化禁忌（负性方面），而且还显示出其存在所提供的多种满足形式（正性方面）[1]。

弗洛伊德似乎想强调本能生命应有的自主权，也就是说，不能将其简化为获得的经验。经验可以而且应该修改本能生命的表达，但它不会影响其功能运作的基本原则。弗洛伊德提醒我们，在危机发生时，它与生物生命有关，而生物生命是由一种与人类机体结构有关的决定论支配的——即使在这种情况下，与危机引起的生理剧变有关的心理事件也参与了症状的产生。

我们有理由得出这样的结论：弗洛伊德在这篇论文中提出的假设比以往任何时候都要清晰，即存在由以下要素组成的结构三元组：

① 作为基本基准点的**内部元素：本能**。这些本能有着基本的需求，以

[1] 本文不考虑对创伤理论所作的修改，如累积创伤假说。

满足这些需要与另一种类型的需要——也就是文化需要——兼容的体验的方式得到修正，在某一限度内对个体的不同情况予以灵活应对。这意味着本能的部分（但仅是一部分）将通过与历史上较晚的其他结构结合而改变自己。另一方面，那些没有经历转变而只是受到抑制的部分，可能由于后来形成的失败或由于“内生的”（endogenous）过度激活而以其原有的力量重新出现。后面这种可能反过来超过了那些长时间保持的内在动源（agencies）的能力，这种内在动源禁止自己在或多或少原始的状态下表达。

② 通过**客体**以两种方式发挥作用的**外部元素**。它可以积极地行动，在这种情况下，客体在试图控制本能的过程中协助自我的构成。这个功能是以分类的过程来执行的，它的目的是拒绝被本能判定为不符合与客体维护关系的表达，以及容忍那些还能兼容的甚至是发展必要的本能，让它们可以接受其他影响。要么它通过创伤产生负性作用，创伤的起始是不同的，其影响也不是明确的。在某些情况下，创伤会导致对本能过度、过早的刺激，扰乱对自我的初步掌控，迫使主体强迫性地重复过早的刺激。还有一些情况下，创伤可能导致抑制，剥夺了自我的本能投注（cathexis）。即使没有创伤的作用，也可能发生内部强化。性格异常可能有相似的病因学。

③ **一个中介元素——自我**，被夹在矛盾的需求之间：

a. 不可接受的本能刺激的需求，必须予以拒绝。

b. 本能的满足需求是它自身组织所必需的，也就是说，它能通过吸收快乐而获得力量（strength）。如果本能变得易受客体的主张的影响，这种力量是必不可少的。它还必须为防御机制提供所需的能量，以对抗不可接受的本能需求，并改变那些不得不接受其他影响的本能。

c. 客体的需求（在弗洛伊德的文本中是现实）。很明显，这最后一个因素是最容易在自我的功能运作中引起严重的误解、固执的错觉的，相当于本能领域的固着（fixation）。

这一概念是结构性的，不仅因为它的组成部分存在于每个人身上，而且还因为它定义了心理活动的意义，而心理活动本身就涉及它必然引起的冲突。在这些冲突中，根据环境的不同，内部元素或外部元素都可能占主导地位，在这方面，我们必然要考虑自我这一中介因素的能力，它的属性既不完全由第一种因素决定，也不完全由第二种因素决定，也不完全由两者的结合所决定。

弗洛伊德的结构概念暗示了一个最重要的假设，即通过分析精神生活的基本组成部分所揭示的异质性，尽管意识和潜意识之间是不连续的，但从现象学上看，这种异质性是统一的。

弗洛伊德用另外两个参数补充了这一结构概念。第一个参数是定量因素，它在个体历史的任何时候都可能发挥作用。甚至在后来的阶段，也可能使人对上述内部和外部元素两极之间已达成的平衡产生怀疑。相比之下，第二个参数则增加了早期创伤的重要性，并以持久和不可改变的形式（如弗洛伊德无疑看到了它们）改变了自我。无论何时，我们都必须明白，每当弗洛伊德提到创伤，他们总是会阻止本能与自我的融合。这使得主体无法承受本能力量的压力，本能是整个精神动力的源泉，并让主体容易受到另一种类型即文化生活的组成部分的影响。

自我对本能的掌控是相对的，它对人类文化生活的总体需求和特定社会环境的需求都有回应。

所有现代精神分析研究的目的都是要更多地揭示早期影响在多大程度上导致能力的丧失。然而，它逐渐修正了弗洛伊德的基本公理。根据弗洛伊德的说法，我们只能通过直觉的衍生物而知道直觉，而且只能在一个复杂的结构中去理解，这个复杂的结构也包括直觉的效果（防御），在这个结构中，即使是最原始的自我也已经参与其中。此外，该客体似乎只与创伤有关。后来的人们努力拓宽了参照系，将年轻人的自我与他的主要客体——母亲之间的整个关系领域都包括在内，希望能澄清弗洛伊德的直觉，并使它们更有助于理论概念化。

参照系的扩大已引发越来越多的与心理或人格相关的方法[1]。例如，分

---

[1] 弗洛伊德说到的人格指的是“心理人格”，因为它通过三个内在动源（agencies）的相互作用而表现出来。在我看来，这与精神分析是一门“人格的科学”时对这个词的使用非常不同，相比之下，这暗示了一种统一和稳定的参考，弗洛伊德主要在这里看到分裂和不稳定，并不断对统一的外观提出质疑。

离-个性化（separation-individuation）现在被强调为自我的一种基本活动。弗洛伊德在 1926 年的《抑制、症状与焦虑》一书中确实看到了这一点，但他最终将这些过程与能够满足其本能或从精神上掌控它的客体丧失联系起来。他说："怀抱里的婴儿想要感知到母亲的存在，只是因为他已经通过经验知道，母亲会毫不迟延地满足他的一切需要。因此，被认为是'危险'并希望对此加以防范的情形是一种令人不满意的情形，是由于需要而张力加剧的情形，对抗这种张力是无助的。"（Freud，1926，S.E.，20：137）对这些情况的详细研究表明，焦虑或对危险的预期似乎远远超出了本能生命。然而，在这一点上，我们发现，我们今天对本能的理解和弗洛伊德对这个术语的使用之间是存在误解的。

弗洛伊德很清楚本能假说的不确定性。我们知道，在他所处的时代之前，本能或驱力（*Trieb*）这个词已经在德国一般的和专业的文学中使用了。尽管经常被引用的陈述只是嘴上说得好听："本能的理论是……我们的神话"，给人的印象是它被提及的原因是试图尽快摆脱其神话的参照物，而这是因为它不幸的神秘色彩，甚至故弄玄虚。最有利的情况是，弗洛伊德坚持认为心理的生物学基础将会归因为浪漫的自然主义的幸存或残余。因此，弗洛伊德被指责为过时的生物主义者。但是，不能因为抛弃生物主义令人尴尬的主张而将其从精神分析文献中抹去。相反，一种虚构的"代谢学"被一种现实的心理生物学所取代。与弗洛伊德的思想相比，这种心理生物学的缺点是容易过于简单化。

弗洛伊德虚构的代谢学一直把性作为本能理论的基础。值得注意的是，弗洛伊德似乎发现在任何情况下都有必要将精神生活的这个基本核心与另一种被认为是对立的本能进行对比。这是进一步增强性欲表达阻碍的方式——首先，一个人有不同结构的不同（心理）类型的因素——自我；其次，假定了一个相同类型的因素却追求着相反的目标。精神生活是由具有不同性质的材料构成的（例如，提出需求或反复坚持的能力、置换或移情的能力、表征或表征转换的能力、分离出选定特征和逻辑联系的能力，以及停滞或更新投注的能力）。弗洛伊德试图通过将它们简化为与不同的内在动源联系在一起的基本组成部分来定义它们：知觉对于自我是什么，超我的理想功能是什么，本能对于本我是什么。他坚持这些基本的区别，因为每个领域都拥有适合它的发展潜力，并有特定的方式来影响其他领域。即使可以观察到重叠的机制（无论是以病理还是临时性的方式），提到的这些内在特性似乎是区分构成经验的各个领域的最佳保证。因此提到本能，当然是三个中最不精确的——也许因为它是最原始的，因此最少被分化出来——从心理中分离出来那些既不能与现实连接，也不能与因完美主义（理想化）而改变的现实版本相连接的本能。当然，从逻辑上讲，其他两个领域是根据本能的世界来定义的。现实被定义为一种外部空间，是满足本能条件的储存库（也就是说，幻想不可避免地是不够的）。理想也是类似的一种心理状态，在这种状态下，可以通过服从权威或选择一种被认为比满足更重要的价值来放弃满足。

因此，我们应当清楚地认识到，对于本能的提法是不能消除的，也不能将其简化为有关需要（need）的通用的先进的理念，因为它不仅意味着对缺失（lack）的纠正，而且还意味着对快乐的需求。正如弗洛伊德所说，假定这种需求和身体需求一样不容置疑是有额外的好处的，尽管从生物学角度看，没有理由认为这种结合是有益的。事实上，弗洛伊德总是不失时机地指出，“*Trieb*”表达了一种身体需求，他是在提醒我们他对动物本能和人类“*Trieb*”所作的区分——有巨大的潜力替换目标和客体——有另外一面。回归身体意味着记起为本能转化所设立的限制，也为有着固着、重复、顽固特性的特定组织作出了解释，尽管它们不合时宜地还造成痛苦。或许是因为这种痛苦与满足的形式并非不相容（对潜意识而言），而满足可以通过这种方式，缩短任何阻止它们在自我层面上表达的审查。无论如何，这里必须要注意的是，我们所讨论的身体需求是对满足的需求和对客体的需求两者不可分割的结合。在客体的替代物或固着在特定替代形式失败之后，还能提供满足的能力。因此，它可能产生了一些高度无意识浓缩的冲突和关系焦点。

在我看来，当代对本能的思考的困惑似乎集中在这一点上。本能（*Trieb*）概念的语义仍未得到分析，它只是被视为动物本能的人性化后裔。这样就很容易表明，所观察到的事物不能局限在本能（无论是动物还是人类）的狭窄领域内，因为可以推断出大量的关系隐意，甚至观察关注到的事物也可能会被归入这类心理现象。虽然可以解释的东西通常不在本能的范围内，或者至少离它的直接表达还有很长一段距离，但这个不可否认的事实并不是问题的关键。停下来，那失去的是对基本概念假设的引用，而这种假设赋予了本能概念操作性价值。

我有意使用“操作性”（operation）这个词，因为在简单的描述层面上，本能的假设比客体关系、意义、适应功能等能更好地解释临床事实。所有这些替代方法在他们发展对以下印象的解释上没有留下任何空间：精神生活的一部分已经成功地控制了整个生活的方向，要么是违背个人的愿望和利益把它拖到一条不被希望的道路上，要么是阻碍它的进程。局势似乎不合时宜，变化似乎带来了混乱的威胁。当我们记起本能表达了一种身体需求时，我们是在暗指缺失一面和客体一面之间的交界面可能所在的位置。如果我们称其为客体关系，我们就是在强调，身体需求不仅以“某物”为前提，而且以“某人”为前提，并等待与之联系。然而，如果这个“某人”被过早地引入进来，从而使天平偏向于客体，就会有最小化或低估心理需求的危险，这意味着将心理需求（demand）与需要（need）或动物本能相比较，尽管两者之间存在着深刻的差异。这样，本能的概念就与一个未知的现实有关，但可以被描述为一种徘徊的力量，在不知道自己在寻找什么的情况下进行搜索。几乎还没搜索就找到了它，或者给人一种模糊的搜索过其他东西的印象，然后通过追溯才发现缺失满足的意义。本能和满足之间的基本联系，被认为可以结束这种缺失，也许更适合用来描述不适合满足的东西而不是符合其预期的东西。

原始本能不确定性的另一面是弗洛伊德赋予它的功能，即爱欲和毁灭的对立，以及异性恋-同性恋和男女关系的对立。对当今的许多精神分析来说，这些观点过于形而上学，他们认为应该遵守科学家们对自己的推测所施加的限制。这些假设似乎仅仅只是通过对最琐碎的存在进行观察而得来的一些概括。这一点被弗洛伊德在其论文中用来当证据的例子证明了。这些都无不指向将人类联系在一起的最常见的关系。那些蔑视这些推测的人要小心，不要以同样的或更高的解释能力来要求他人。

弗洛伊德在精神生活中给爱欲-毁灭和男-女的双重对立安排了定序的角色，暗含了自然与文化的关系的公理，人因其生物和文化的双重遗产而深深地卷入其中。

在《可终结与不可终结的分析》中，弗洛伊德在开篇就阐述了他试图以实事求是的方式使用基本概念让人容易理解存在的实际困难，而在结尾部分则表现出了思辨的倾向，这两者之间的基调发生了重大变化。我们不得不怀疑，这种散漫风格的变化可能是因为弗洛伊德觉得他的论点没有足够的说服力。这也反映出弗洛伊德的担忧，即他的指导性假设可能逐渐被忽略。整篇文章充满着对缩短分析的焦虑，这与兰克（Rank）提出的神经症性疾病致病原理图式化有关。另一个表达得不那么清楚的担忧可能是针对费伦奇的，弗洛伊德认为费伦奇的最终取向过于重视客体，因此也过于重视创伤。因此，弗洛伊德给本能留下了最后一句话，把它们提升到一个水平，在这个水平上它们甚至可能遇到支配物质世界的力量——吸引力和排斥力。

弗洛伊德似乎既不能够也不愿意倾听费伦奇的声音，但这仍然困扰着他，他的论文在他死后还继续着与费伦奇的辩论。弗洛伊德可能已经被费伦奇对于分析师态度的批评激怒了，以至于他不分青红皂白地拒绝了弟子的技术革新和他的病因学观点。然而，在 1928 年至 1933 年间，费伦奇的作品是当今精神分析思想复兴的根源。这不仅在匈牙利学派的发展中表现得很明显，而且在温尼科特学派中也是如此，这一点是常常被指出来的。当然，费伦奇自己的文章从来没有涉及对弗洛伊德本能概念的任何批评。在他的论文《成人与孩子之间的语言混乱》（*Confusion of Tongues between Adults and the Child*）中，比弗洛伊德本人更好地说明了本能与客体的相遇所产生的影响。在我看来，这并没有对弗洛伊德的概念或本能的真理提出质疑。

如果我们想缩小本能概念的“临床”用法与“推测性”用法（即，甚至超越隐喻学）之间的差距，考虑到开头和结尾之间在文本上的差异，那我们应该提到《精神分析纲要》。弗洛伊德对他最后一个关于本能的理论作出了一些澄清，讲到了爱欲和性之间的关系，这点并不总是被人注意到。对文本的分析揭示了三个层次：①爱欲，即由生命或爱本能组成的基本本能群；②力比多，本能群的指示器或代表；③性功能（不再是性本能），经由这个精神活动领域，爱欲最能广为人知。

当然，这最后的构想产生了重要的影响，不仅是因为它在更广泛的范围内将性包含其中，根据这一构想，获得关于爱欲实体知识的特权手段的性能只有通过它的表现才能为人所知，还因为它暗示性地同时结合了性和爱。这导致了一个重要的语义上的转变，在我们看来的客体，与先前的本能理论即性本能理论中客体的状况相比，通过明确提及爱本能而被赋予了最重要的地位。

性在生物遗产中所配置的地位来自于世代维度——对物种和个体而言。可以说，男性在生物的范畴中是一个变性的动物，也就是说，他们能够顺着远离那些明显由动物物种自然配置的途径，人类的性（sexuality）仍然保留其世代的力量——产生心理结构的能力。这是因为其转换必须包含客体。由于内部心理关系和主体间关系的绑定和解绑机制的复杂性，与客体的关系成为生成双重性的一个必要中介。由爱或生命取代性本能，为人们的思考开辟了一个全新的领域。

因此，当弗洛伊德似乎已经演变出一个不那么严格的自然主义的、但可能是最终的概念，这种变化具有启发性的优势，即认为俄狄浦斯情结不仅是一个阶段，还是一种萌芽，其中包括通过我们所称的本能天职所具有的潜能及其发展。因此，与表面现象相反，分析效能的障碍，无论是出于本能、自我，还是创伤，最终都是趋同的。它们阻止婴儿的性达到其发展的顶峰，这不仅标志着一个生命阶段的结束，而且可以说是整个生命的象征性结束，因为它阻碍了本能在与客体的关系中向文明生活中可接受的俄狄浦斯情结的演变。因此，婴儿的性被固着在过早的、仓促的和过度浓缩的俄狄浦斯形式上，这些形式最终是非常难以分析的，即使不是完全不可能，因为它们不能将本能充分地运用到客体上而突出爱欲与毁灭、男性气质与女性气质、精神活动的基本状态。这些状态的出现很重要，不仅因为它揭示了儿童的“进化过程”，还因为这种进化过程使儿童与成年人心理功能运作的隐藏状态保持和谐。

今天的分析师很清楚，弗洛伊德低估了客体的作用。当今的临床实践有力地说明了客体在精神分析治疗、强化移情-反移情关系、重建病人假定的过去以及我们从童年中了解的东西中所起的重要作用。然而，在我看来，如果本能性因素在其他领域被稀释，我们就容易忽略弗洛伊德赋予它的特性。

这一特性体现在冲突倾向的持久性上，这种倾向存在于本能实体自身中——在两大本能群体之间——并反映在作为整体的本能生命和自我之间。它随后被自我和超我之间的关系所取代。本能的矛盾本性在《精神分析纲要》的这句话中最好地表达了出来："虽然它们是一切活动的最终原因，但它们具有保守的性质"。（Freud 1926，S.E.，23：148）因此，由于他们有能力改变自己的目标和客体，他们必然也会拓宽精神生活使其多样化，但与此同时，他们对与基本需求极其不符的变化和发展表现出抵抗。

精神分析的工作既不具备适应的特征，也不具备成熟的特征。从我们的观点来看，当面对本能时，精神分析与心理结构（mental apparatus）的目标相融合，而本能是心理结构不可分割的一部分。正如本能"寻求表征"，精神分析除了从最广泛的意义上进行表征活动之外，也没有其他目的了。事实上，这就是全部困难所在，因为精神分析以这种表征活动最复杂的形式——语言——作为它的出发点，试图重新获得那些在结构和历史方面与之最遥远的形式。要回到最开始的如此遥远的地方，它追溯并揭示精神生活从本能到语言的发展线路。

认识到每个人（包括精神分析师）身上都有这种力量，这与我们掌控着自己的存在、选择和命运的想法完全相悖，也与我们想要无限完美的愿望相悖。同样，还可以想到的是被弗洛伊德低估的客体的作用，在心理功能运作的结构化中得到了强调。但这面临一种危险，在连续的转换中，精神分析被一种精神分析心理学取代，作为一个不受本能投注的客体失去了它的动力学价值和置换的功能。毫无疑问，因为自我本身是由本能投注出来的，由本能塑造出自恋，所以它非常勉强地配合着做出对它有利的改变。我坚持认为，将本能与客体进行对比是错误的，只有通过客体的存在或缺失，本能自身才会显现出来。客体是本能的揭示者。

此外，他为其最后的构想赋予如此广泛的特征，把生本能或爱本能与破坏性本能对立起来，从而把本能的假设降低到最普遍的意义上。没必要指出的是，在文化领域，在个体心理功能运作向我们呈现的可观察到的事实的复杂性背后，尽管组织方式不同，但现在这些最终起作用的相同因素比以往任何时候都多。我们如何解释这种对应关系？这需要另写一篇文章来专门说明。

弗洛伊德的本能概念，被用作一种锚定在身体上的精神生活的参照，在某种已经具有精神性的东西在等待负责来满足它的客体，尽管不可避免地会让它失望，但也需要发展出客体和投注的表征，将其包含在自身的组织中。理论上的功效是将最重要的连接考虑在内——不仅包括身体和客体之间的，也包括内部和外部之间的——这个连接将包含的力量和意义的基础统一在一个创造性的基质（matrix）中。通过经验和对文化象征组成部分的认识，这个基质会引发接下来的发展、分化和多样化，这些会塑造个体在其所属的人类环境中的精神生活，也帮助个体改变人类环境。

参考文献

Brusset, B. 1988. *Psychanalyse du lien: La relation d' objet*. Paris: Le Centurion.

Edelson, M. 1975. *Language and interpretation in psychoanalysis*. New Haven: Yale University Press.

Fairbairn, W. R. D. 1952. *Psychoanalytic studies of the personality*. London: Routledge and Kegan Paul.

Ferenczi, S. 1955. *Final contributions to the problems and methods of psychoanalysis*. London: Hogarth; New York; Basic Books.

Freud, S. 1926. *Inhibitions, symptoms and anxiety*, *S.E.* 20.

——— 1933. Sándor Ferenczi. *S.E.* 22.

——— 1939. *Moses and monotheism*. *S.E.* 23.

——— 1940. *An outline of psycho-analysis*. *S.E.* 23.

Gill, M. 1975. Metapsychology is irrelevant to psychoanalysis. In *The human mind revisited*. Edited by S. Smith. Paris: New International Universities Press.

Green, A. 1988. La pulsion et l'objet, préface à B. Brusset. *Psychanalyse du lien*.

Green, A., et al. 1986. *La pulsion de mort*. Paris: Presses Universitaires de France.

Guntrip, H. 1973. *Personnality structure and human interaction*. London: Hogarth Press.

Hartmann, H. 1964. *Essays on ego psychology*. London: Hogarth Press.

Klein, M. 1949. *The psychoanalysis of children*. London: Hogarth Press.

Kohut, H. 1971. *The analysis of the self*. London: Hogarth Press.

Lacan, J. 1966. *Ecrits*. Paris: Le Seuil; *Ecrits: A Selection*. Translated by A. Sheridan. 1977. London: Tavistock.

Laplanche, J. 1987. *Nouveaux fondements pour la psychanalyse*. Paris: Presses Universitaires de France.

Rank, O. 1929. *The trauma of birth*. London: Kegan Paul, Trench, Trubner.

Schafer, R. 1976. *A new language for psychoanalysis*. New Haven: Yale University Press.

Winnicott, D. W. 1971. *Playing and reality*. London: Tavistock Publications.

弗洛伊德：虚构的对话[1]

戴维·罗森菲尔德（David Rosenfeld）[2]

世界是一个舞台，

所有的男人和女人只是演员：

他们有自己的出场和退场；

一个人在他的一生中扮演着许多角色……

——莎士比亚·《皆大欢喜》

弗洛伊德的方法

戴维（David）：让我们对《可终结与不可终结的分析》这篇论文提出一些问题，作为研讨会的开始。

杰勒德（Gerardo）：弗洛伊德提出这个主题的个人和社会背景是什么？

艾尔莎（Elsa）：弗洛伊德的主要目的是重新思考精神分析对病人达成

---

❶ 本文运用虚构对话这一手段来说明，虽然在学习的过程中有引导思维的方法，但任何一种方法都不应该成为僵化的、固定的图式。运动停止，真理就消失。这种方法的重点不在于从讨论中得出的结论，而在于弗洛伊德思想所激发的交流——这些思想是如此强大，以至于人们不仅需要重复阅读，还需要对它们进行重新思考。

❷ 戴维·罗森菲尔德：阿根廷布宜诺斯艾利斯精神分析学会的培训分析师和精神病理学教授。他曾是布宜诺斯艾利斯大学的精神分析和符号学教授。

了什么效果。

高友（Goyo）：这篇论文是弗洛伊德对他1937年生活的总结。当时纳粹已经在德国出现，也许他认为自己作为一个科学家，对治疗癌症、纳粹主义和战争无能为力。所以他又回到了毁灭性本能，即死亡驱力，回到了生本能和死亡本能（Eros and Thanatos）之间平衡的可能性。

阿图罗（Arturo）：弗洛伊德试图用他熟悉的精神分析来处理这一研究领域的问题。他特别关心那些无法完全治愈的情境。他仔细研究了他熟悉的那些临床病例。

艾尔莎：他还想知道是否可以缩短病人治疗的时间、是否有可能永久治愈病人，以及病人是否可以通过预防以免再次生病。

可可（Coco）：虽然弗洛伊德说了很多关于缩短分析时间的可能性，但他实际上所做到的是把我们的培训分析从三周拉长到了六年！

艾尔莎：我觉得这几乎是他生活、工作和怀疑的见证。

阿依达（Aida）：……目的是找出治愈疾病的障碍。

高友：弗洛伊德没有去确认他的成功，而是去寻找这些障碍。他的工作是一个科学研究人员和认识论者如何探索一个未知领域的典范，且这个领域对他来说几乎一无所知。他展示了研究科学哲学的一种具体方法。认识论是对我们在科学研究中创造的理论和模型的确认、验证或驳斥。它研究的是科学理论和一般的科学知识是如何产生的，同时也对接受或拒绝一个理论的标准进行审查。

戴维："科学中最重要的不是去验证而是去证伪"，这是卡尔·波普尔（Karl Popper）提出并坚持的观点。如果错了，就可以抛弃它；如果没有错，那么不允许被反驳就展示了它的力量。反驳理论（refuting theories）降低了出错的风险。弗洛伊德教给我们最有价值的一课就是一个学者应该如何去面对新的问题和困难。

高友：另一位科学家可能会因为临床上的失败，而置疑精神分析理论的价值。如果以病人的治愈或病情改善为标准，那么只要病人没有被治愈，他就会觉得这个理论毫无用处……

戴维：尽管根据传统的认识论模型，弗洛伊德的理论似乎已经被驳倒，但弗洛伊德相信自己的理论且没有放弃它。弗洛伊德的观点是，可以增加一些辅助性的或互补性的特设的假设。这将引起人们对局部困难的关注，而不会导致理论崩溃。在这篇论文中，这样的假设涉及他曾经没有考虑到自我的早期变化。对弗洛伊德来说，一个失败并不意味着这种理论就是完全错误的。该理论的核心可能是正确的并可能保持完整。弗洛伊德会认为还有一些其他的因素没有得到充分分析和考虑。在这里，作为认识论者的弗洛伊德会试图找到辅助性的假设，要么追查出什么是错误的，要么保留他理论的核心。为了找出之前假设的失败之处，他采用的策略是看看可以添加哪些新的辅助性假设。

高友：当我们谈到“障碍”时，我们的意思是弗洛伊德在寻找可能导致特殊临床结果的未知因素。

杰勒德：他更倾向于寻找能使他维持这个理论的认识论因素。在寻求辅助性假设来解释失败的时候，弗洛伊德试图检验那些最接近临床情境而导致失败的因素。在多拉（Dora）的案例中，他早就这样做了。在这个案例中，遇到困难后，他发现了那些导致分析中断或付诸行动的因素。

戴维：他再次试图用适当的附加假设（additional hypotheses）来完善他的理论。可以说，弗洛伊德试图通过引入新的模型来解释这些困难，以对他的理论进行补充。如果这种策略成功了，这一理论将得到丰富。我想强调的是，弗洛伊德并没有因为他遇到的困难而气馁，也没有放弃他的理论。他的态度是重新审视这个问题，这使他有了重要的发现。

艾尔莎：我相信弗洛伊德在写下“每一个进步都只有最初看上去一半那么大”这句话时，他有点沮丧。

戴维：作为分析理论的拥护者，他不允许自己被打败。他保留了这个理论并加以运用。因此，在试图揭示导致分析明显失败的障碍时，他重新发现了自我的原初性和重大改变的存在，而他以前没有考虑到它们如此重要。

阿图罗：他以前提到过自我的改变吗？

戴维：他曾在 1890 年《癔症研究》中的"癔症的心理治疗"谈到过自我，尽管他在这里把自我与一种本能力量联系起来。在 1923 年的《自我与本我》中，自我被呈现为一个具有特定功能和属性的组织。1924 年，在《神经症与精神病》（*Neurosis and Psychosis*）一书中，他描述了一个为了适应而限制、修改、扭曲自己的自我。当他在 1914 年的《论自恋：一篇导论》中思考自我的结构时，他就对这个问题产生了兴趣。

阿图罗：我还要提一下关于达·芬奇的书，他在书中提到了自恋的客体选择。自我在这本书中是指一种结构。

布鲁诺（Bruno）：我们也不应该忘记施雷伯（Schreber）。

阿图罗：我们应该记住，先前弗洛伊德使用了力量的动力学概念，压制被压抑之物。现在他更强调改变了自我的真实结构。

可可：弗洛伊德讨论的另一个问题是体质和创伤的作用。他写道："到目前为止，创伤性病因学为分析工作提供了更有利的空间……唯有此时，我们才能说分析已经完成了所有它应该做的。"（Freud，1937：220）

艾尔莎：在另一段中，弗洛伊德提到了自我的先天修正，这是由于防御机制加剧了自我的改变所致。

阿依达：但是在这里他解释了自我的改变是多因素所致。"所有神经症障碍的成因终究是混杂的……通常，这都是由原发性因素和偶然性因素共同造成的。"（Freud，1937：220）

创伤

可可：在我看来，弗洛伊德所说的"创伤"这个词是指外部的东西。

阿图罗：本篇论文第五部分中弗洛伊德对创伤的概念与《超越快乐原则》中不同，后者认为创伤是兴奋突破了刺激障碍。

布鲁诺：我认为他在这里说的不是外在意义上的创伤性神经症，而是性欲的内在释放。从这个角度来看，创伤可以是正常数量的性欲进入心理装置，并惊动脆弱的自我。当他在这里提到创伤性因素时，他指的是神经症。

高友：对我来说，创伤意味着一定数量的力比多和防御之间的关系。当兴奋总和超过了防御屏障时，就会发生这种情况。

阿图罗：我有不同的看法。我认为这里的创伤不是和内在的东西有关，而是和外在的东西有关，就像它在癔症中起到的作用。

布鲁诺：这种兴奋可能来自外部，也可能来自内部。如果它来自外部，我们面对的就是创伤性神经症。如果它起源于内部，我们就进入了创伤性神经症的病因学领域。

阿图罗：我想补充一点，在《超越快乐原则》中所使用的创伤的概念，被视为确实会引起自我改变的东西。但我要强调的是，在 1937 年的这篇论文中，弗洛伊德赋予了 40 年前的创伤概念更多的意义，当时他正在谈论癔症。

可可：你说这些兴奋来自于外部，只要……

阿图罗：但是我在想经验中的发展和理论上的发展是否平行。在这个研讨会上，我支持那些怀疑理论是随着时间的推移而演变的人。难道一个理论不是直线前进，而是倒退吗？

杰勒德：另外，我是这个认为理论是沿着一条直线发展的群体中的一员。

戴维：我认为在关于弗洛伊德的一些争论中，人们忘记了他们谈论的是他不同时期和不同时代的不同思想。

琼·保罗（Jean Paul）：所有的思想都会经历不同的成长和消退阶段，这个过程是辩证的。

高友：多么有趣的方法论问题！我相信，这一讨论具体地说明了一种理论的历史兴衰，大体上也说明了科学方法论的兴衰……

戴维：创伤的强度与自我的强度之间的关系是辩证的。相关结构和子结构的概念，以及冲突的二元论辩证法在弗洛伊德的作品中是基本的概念和方法。

精神食粮

阿图罗：在《癔症的心理治疗》一文中，弗洛伊德从另一个角度审视了他的治疗和宣泄方法，直到 40 年后，他才发现有必要改变解释的技术方法。如果只有本我（而不是自我）被解释，“那我们的解释就只是为自己，而不是为患者”（Freud，1937：238）。

戴维：至于解释的技巧和形式，你所说的对我来说意味着，有时一条信息中给出的东西并不一定被接收者接收、倾听、分类、理解或解码。当今的传播理论已经在有关的具体问题上提供了很大帮助。

阿依达：你所说的在弗洛伊德这篇论文中也说了，“我们增加了他的知识，但没有给他带来其他的任何改变”（Freud，1937：233）。

琼·保罗：他已经在关于技术方面的论文中对此发表了看法。他现在对它增加了一个新的结构性的认识。

高友：这一点是治愈的“障碍”之一，我们可以把它视为传播理论的主题之一。回到你刚才所说的，弗洛伊德的观点是，理论和技术都不错，但它们还不足以让病人获得知识。随着分析师理论知识的增长，他就能够改进自己的技术，提升自己的能力。

大卫：是的，但是想想我们的工作有多困难。毕竟，我们不仅要确保病人获得一定的知识，还必须判断出病人对自己的看法。精神分析师比物理学家的认识论活跃得多，因为物理学家不会遇到这样的问题。精神分析提出了令人着迷的认识论问题，因为除了和其他学科一样，即科学家们对研究对象予以行动并观察其反应，精神分析师还需执行一个特定的认识论功能。他要让病人知道一些事情，还要评估病人所获得的认识。

可可：这很复杂，因为他本人也参与其中。

杰勒德：这是弗洛伊德在“治疗障碍”这个更宽泛的主题下所包含的障碍之一。

阿依达：换句话说，障碍并不是精神分析理论错误的结果，而是仍有研究领域有待开展的迹象，这一点再次变得清晰起来。这些包括治疗师作为一个人的局限性。

高友：弗洛伊德是一个认识论者，他修改了精神分析的辅助性假设以保存一个理论。这些辅助性假设并不完整，例如，一旦狼人的童年，他古老的自恋、偏执的退行和他的攻击性被回顾和重新概念化，这样就揭示出了更广泛和更严重的精神病理。

大卫：比如对于牛顿也是这样。没有必要因为某人突然发现了牛顿没有研究充分的一片天地就改变牛顿的理论，这是一个巨大的集合物。这不是理论中的一个缺陷，而是一个新的信息将被包括进来，在将来的计算中要考量进去。如果我们将此与临床实践联系起来，这些问题与之前自我的改变有关，而这种改变还没有被发现，因此也没有被研究过。为了描述这个未知因素，有必要作出新的假设。恰当的认识论策略是能够使我们进一步深入认识这个未知因素的策略。这方面的一个障碍，是对那些我们还不知道和还没有被研究的东西的命名，而这改变了我们预测的结果。

可可：有多少精神分析师和科学家相信他们已经无所不知了！

艾尔莎：人们一次又一次地发现新东西，这些新东西可以适当地融入自己的理论之中。

杰勒德：我们甚至认为弗洛伊德的元心理学可能是一种理论创造——他为每个个体或特定类型的病人创造了元心理学。所以我们有了癔症的意识-潜意识二分法；忧郁症、抑郁症和精神分裂症病人的自我、超我和本我，等等。

艾尔莎：有时候，即使是创作者自己也不能领会他们自己发现的全部理论的意义。

戴维：类似的事情也发生在爱因斯坦身上。尽管他是一位革命性的人物，但当海森堡的追随者以这位大师的思想为基础，主张宇宙的最终规律可能是不确定性而非确定性的时候，爱因斯坦却拒绝了这个观点，说出了那句名言“上帝不掷骰子”。

可可：还有很多我们不知道的。

威廉：“在天堂和地球上有更多的东西……”

阿依达：当弗洛伊德描述在揭露阻抗时所遇到的阻抗，他是在理论化一些迄今为止未知的东西。

阿图罗：不完全是。在《抑制、症状与焦虑》中，他描述了一种自我的阻抗。

阿依达：《可终结与不可终结的分析》中与此相关的引文是：“我们在揭露阻抗时，不应该会遇到对‘揭露阻抗’的阻抗。但事情就是如此……自我不再支持我们为揭露本我而做出的努力。”（Freud，1937：239）

布鲁诺：这篇论文是后来理论的基础，如哈特曼的自我发展思想，以及哈特曼和安娜·弗洛伊德在其著作《自我与防御机制》中讨论的自主性、自我组织状态的变化、适应性、知觉（perception）等概念，弗洛伊德的论文也引用了这些概念。

戴维：根据布鲁姆（Blum,1987）的说法，美国的其他学者则强调了这项工作在激发他们对发病机制和进化发展理论的想法和兴趣方面的重要性。

阿依达：而其他人，例如梅兰妮·克莱茵则强调童年客体关系较早的方面。

可分析性

戴维：弗洛伊德指的是什么样的病人，他所指的又是什么样的分析师？

杰勒德：我在医院工作时看到的病人——边缘型人格障碍、精神病患者和吸毒者——我相信，这些是不同于弗洛伊德所说的病人的。

阿图罗：但是我们要记住，弗洛伊德曾告诉过我们一些较严重的病态患者，比如施雷伯、鼠人和狼人。

戴维：你们每个人心中可分析性的概念是什么？

阿依达：弗洛伊德说的是，由于自我的结构性改变，病人可能不服从于分析。

高友：除了弗洛伊德给出的分析性标准，五十年后，我们有能力用我们所拥有的新的理论知识做出新的更好的诊断。心身疾病、神经症、边缘性病例和暂时性的精神病不是一回事。

阿依达：我很惊讶弗洛伊德在这里没有纳入一些如心身疾病和非言语语言的理论性概念。

阿图罗：在我看来，他在关于威尔逊总统的研究中确实在某种程度上讨论过心身疾病。

戴维：现在回到关于一个病人可分析性（或其他）的主题上，我相信今天我们知道了更多的概念，比如系统内和系统间的冲突、虚弱的自我、负性治疗反应（真或假）以及移情的原始形式，这些移情有时被称为妄想性、精神病性或高度退行性移情。

阿依达：作为一个对儿童分析感兴趣的人，我想补充的是，帮助我们找到病人发展过程中的那些自我冲突出现的地方和时间，这篇论文对更早地开启儿童分析起到了部分作用。这改变了我们对某些疾病的可分析性和预后的看法。

杰勒德：它对精神病患者也有同样的效果。

阿依达：我想问一个问题，有关于论文中弗洛伊德所说的："在紧急危机状态下，无论从什么意义上来讲，分析都是无用的。"（Freud，1937：232）

可可：他指的是急性的内部状态（例如，沉浸在哀悼中的自我），还是急性的外部情境，或者急性的精神危机？

阿图罗：在《癔症的心理治疗》中，有提到急性癔症的临床表现。弗洛伊德感觉，他说的每句话，对于出现这些急性症状的病人来说都被稀释了。然而，他似乎想知道在紧急状态下分析治疗是否能防止后续症状的出现。

杰勒德：关于急性精神病，如果我可以回答你的话，我想说我们现在能够面对和研究急性精神病的发作，是因为比起五十年前我们拥有了更多的理论和技术知识。赫伯特·罗森菲尔德（Herbert Rosenfeld）和哈罗德·瑟尔斯（Harold Searles）的工作，清楚地说明了严格的精神分析性解释在治疗精神病患者中的作用。这是否意味着自1937年以来可分析性的概念发生了变化？

戴维：既然这篇论文让我们思考可分析性的概念，我想参考一下贝特森（Bateson）、瓦兹拉维克（Watzlawick）和利伯曼（Liberman）在传播理论方面的发展。正是利伯曼将此应用到精神分析中，他坚持认为，可分析性的概念不应该从单个人的诊断角度来考量，而应该主要考虑在分析师和被分析者之间建立良好沟通的可能性。一些分析师由于自身的特点和理论知识，可能无法很好地与一些患者相处。

阿依达：你认为这篇论文会鼓励人们对精神病或有严重紊乱的儿童进行分析吗？

戴维：是的，它是通过鼓励分析早期的紊乱和自我的改变而做到这一点的。弗洛伊德说这些阻抗“在自我内部被分离出来”（Freud，1937：239），这引起了我的兴趣。在德语版本中，这里翻译为“分离”的词是“*gesondert*”。弗洛伊德没有使用更接近解离或分裂的“*Spaltung*”这个词。我之所以强调这一点，是因为它涉及的研究领域让我特别感兴趣——部分保持密封，却又在自我中被分离出来。这涉及了自闭症和婴儿精神病领域，特别是封闭的自闭症内核，根据一些最新的概念，这些内核在成人患者中仍然存在。这些分离出来的内核可能会以不同于已经解离或分裂的方式重新出现。这是一种有可能在临床实践中定义新诊断形式的机制。

感受、情感、激情和疾病

阿依达：在治疗取得任何进展之前，负性治疗反应作为一种障碍出现在治疗中，这是一种显而易见的现象，没有任何争议。

戴维：只要你能察觉到什么时候有进展——无论如何，你有你自己的定义。分析者并不总是注意到负性治疗反应，因为这些反应通常是沉默、隐藏的。我们面对的是像物理一样的具体的、静态的事实。换句话说，任何概念都是相对的，取决于临床领域的分析师对它的定义。付诸行动这个概念也是如此。这不是一个具体的事实，也不是一个“自在之物”（thing-in-itself）。这只是我在精神分析领域给病人行为的一个定义。如果我定义了它，我就把它添加到我随身携带的理论包袱中。从中我知道了一切都是相对的……

阿依达：但负性治疗反应是一个障碍……

戴维：不，我坚持概念的相对性。例如，负性治疗反应对有些病人可能是往前进了一大步，比如具有强迫性格病理、沉默的精神分裂状态和那些发现争吵并不意味着杀戮的病人。在精神病状态下，明显的负性治疗反应可能只是病人试图保留治疗过程中自我重建的一小部分。病人担心这个会被抢走。在重新分析时，这可能是对前任治疗师的激烈反应。如果及早识别出来，这种负性治疗反应是可以被克服的。

阿依达：我们可以从费伦奇和他的前分析师弗洛伊德的问题扩展到终止分析和培训分析的问题。

布鲁诺：是的。关键是，分析师在他自己的分析中得到的东西会在其内部继续起作用。弗洛伊德说：“他在自我分析中所受到的刺激不会因为分析的中止而停止，而会在被分析者身上自发地、持续地进行着对自我的重塑过程。”（Freud，1937：249）

戴维：对治疗师来说，分析是可终结的，但在病人的头脑中却是不可终结的。

杰勒德：精神分析师个人或科学生活的变化通常会让他重新思考自己从过去的分析中获得的价值。有时，这种治疗的好处甚至也可能受到质疑。

可可：在1977年左右的阿根廷军事独裁时期，病人和治疗师有时会持相对立的或不同的政治观点。

艾尔莎：1937 年，纳粹掌权时，柏林的精神分析师们也遇到过类似的情况。

高友：我觉得这句话很了不起，“最后，我们绝不能忘记，分析关系是建立在对真理的热爱（对现实的认识）的基础之上的，它拒绝任何形式的虚假或欺骗”（Freud，1937：248）。

戴维：作为一名治疗师，诚实意味着教导人们不要伪造事实。

威廉：最重要的是，你必须对自己诚实，就像黑夜对白昼一样，你就不能对任何人虚伪……

可可：我谨代表神经症患者（对不起了，精神分析师，我们都有点神经症）提醒大家注意这句话，“我们的目标不是为了一个图表式的‘常态’而抹掉人性中的每一种特性，也不会要求被‘彻底分析’的人再感受不到激情，不再产生内部冲突”（Freud，1937：250）。

威廉：难道我们没有眼睛吗？难道我们没有手、器官、外形尺寸、感觉、情感、激情吗？吃同样的食物，患同样的疾病，用同样的方法治愈，用同样的方法在冬天取暖和夏天乘凉？你们要是用刀剑刺我们，我们不会流血吗？如果你逗我们，我们难道不会笑吗？

戴维：正如拉各奇（Lagache）所写，冲突的概念是精神结构中固有的。我们只需要知道，我们是人类，但有一种非常特殊的品质。当弗洛伊德谈到内省和自我观察的能力时，我认为这对我们来说是最重要的事情之一，同样重要的还有学会学习的能力。

高友：毕竟，如果分析师没有求知功能，没有好奇心和想象力，无法学习，他的精神分析研究能力就会大大降低。

艾尔莎：研究的未来会是怎样的？

戴维：我们正在谈论治疗师。我相信，精神分析师必须准备学习新的知识，面对处在长期治疗中的严重紊乱患者的冲击要有更大的容忍度。未来临床层面的分析需要更强的能力来研究那些最原始类型的移情，它们被称为精神病性、妄想性或高度退行性移情，这些移情会让治疗师产生非常奇怪和强烈的反移情情感。这在退行的、边缘性的、高度失常的、精神病的、药物成瘾的患者中尤为明显。

布鲁诺：这和神经症性移情有什么不同呢？

戴维：精神病性移情在数量上比其他类型的移情要多得多。在性质上，它比神经症有更多的妄想性特征。在精神病性移情中，病人完全和绝对地相信自己对治疗师所持有的妄想症信念，更重要的是，这种信念最终会被付诸行动。在这种精神病性移情没有公开表现出来而是隐藏或保持沉默的案例中，“付诸行动的结果”很重要，也就只能在其结果中觉察出来。

可可：我们有多少东西要学……

戴维：最重要的是人类的敏感性和常识。不幸的是，在我看来，这些在精神分析研讨会上是学不到的。

布鲁诺：弗洛伊德让我们考虑自身的反移情。

戴维：因为共情（empathy）（即能感受到病人的感受）是一回事，而这意味着分析师千万不要坦白的分析技巧是另一回事。我们必须以自身的感觉作为理解的信号，然后解码它们，并在适当的时刻把它们变成言语。这就是我们现在解释反移情这个术语的一些角度。

杰勒德：正如弗洛伊德在他的论文中明确指出的那样，精神分析师也必须接受过技术培训，不能利用病人来投射他自己的问题。他说：“似乎许多分析师学会了使用防御机制，使他们能够将分析的一些暗示和要求从他们自身转移出去（可能通过将它们投射给其他人的方式）……”（Freud，1937：249）

威廉：“那‘众人’也许是指那无知的群众，他们只知道以貌取人，信赖着一双愚妄的眼睛，不知道窥察到内心，就像燕子把巢筑在风吹雨淋的屋外的墙壁上，自以为可保万全，不想到灾祸就会接踵而至……”

《可终结与不可终结的分析》之前和之后

可可：在弗洛伊德研究狼人的时候，他是在寻找这种精神紊乱的创伤来源吗？

戴维：是的，但他也要做一些其他的事情。他也在寻找症状，以便他可以继续一步步研究病人的童年。他描述了狼人幼稚的性愿望、原始场景和阉割幻想。《本能及其变迁》这篇文章部分是基于弗洛伊德从狼人身上学到的东西。

高友：在这里，我们再次看到一种高水平的理论是如何通过对一个特定的病人或一组病人的观察而得出的。

可可：弗洛伊德在 1937 年是如何将其概念化的？

阿图罗：在《抑制、症状与焦虑》中，他从焦虑理论、冲突新理论和防御新理论的角度，重新审视了狼人的神经症。1937 年，他转向了新的精神病理学概念。

布鲁诺：所以 1937 年弗洛伊德在《狼人》中对自我有了更多论述。自我试图协调本我、超我和外部世界的需求，而自我未能完成这种协调，导致弗洛伊德把这种失败定位在个人的早期发展阶段。所以他从症状分析转向与自我联系更紧密的病理学研究。

阿依达：他现在在思考生本能和死亡本能。爱欲和死欲之间的相互作用是决定预后的因素之一。

戴维：我们已经看到弗洛伊德是如何从结构学观点和本能冲突观点来修正对冲突的描述的。他没有说自恋力比多和客体力比多之间的冲突，而是说了生本能和死亡本能之间的冲突；他没有说狼人的被动导致了他的受虐倾向，而是说了原始受虐。

阿图罗： 1937 年，《狼人》中患者的受虐倾向似乎已根深蒂固，也就是说，与驱力的强烈程度和自我的内在结构有关。这显然是一个需要治愈的

“障碍”。

高友：通过这种方式，他解释了一个人对病人及其预后的看法是如何随着参照系和理论的逐渐改变以及新知识的获得而改变的。

琼·保罗：大卫，你现在如何研究《狼人》？

戴维：我更喜欢研究病人和治疗师之间的移情关系，还在弗洛伊德的记录中研究他的反移情反应（如果我能找到的话）。弗洛伊德有一篇讲处理阻抗的文章，里面提供了鼠人的材料，我已经对此做了这样一番研究。比如，我会用这样的方法来研究，我猜测狼人有关他鼻子上在动手术的幻想，可以归咎为他对弗洛伊德的困惑，他本想在自己脸上动手术，而正是这个时候，弗洛伊德真的因为口腔癌动了手术。

威廉：“现实可能比任何梦想都糟糕。”

终止

艾尔莎：弗洛伊德关于分析自然结束的概念引人思考。它只有一个意思，还是有很多不同的意思？

琼·保罗：每个学派或不同的地理区域可能对其都有不同的方法来构思和建立理论，或者可能对分析的发展阶段的划分也采用不同的标准。要清楚地区分终止阶段的或与终止相关的概念以及确定什么是自然终止，都是相当困难的。我认为这是同一个问题的两个面向。

戴维：是的，有些学派的目标可能是达到生殖力（genitality，指能够达到情欲亢进的能力，是促成完全成熟的发展条件之一——译者注）。有些学派是要修通克莱茵所说的抑郁位，有些学派把它看作是共生和未分化的解决之道。有些对伴随恰当防御的自我结构有一个自给自足的标准，而另一些涉及用言语表达的可能性。所以，对有些学派来说，分析的终止可见于分析性移情中，因为语言有可能测量出更大的信息流，并增加人类交流中语言传播的影响。另一些人则在分析结尾中寻找语音体系和声音音乐变化的迹象。这一切都非常有趣。另外，我们也都知道解决、梦想和洞察力，等等。

杰勒德：在精神分析治疗中，我们中的一些人遇到过患有严重心理问题的病人。我们已经学会对病人进行更长时间的治疗了。所以终止分析的标准也与精神病理的严重程度有关。

戴维：并不是所有的病人都能分离和内摄（introject）。因为某些分离就等于灾难，就等于世界末日，就等于被鞭打，就等于没了皮肤而完全地曝光在外。但这是在分析多年后才发现的，细微的语言线索可能每年才出现一两次，或仅体现在心身语言中。我们可以从很多方面对其进行理论总结，但是持续多年的治疗是必要的。另外，还有很多是我们还不知道的。

摇摆不定

阿图罗：在我看来，当弗洛伊德谈到自我的改变时，他也纳入了之前提出过的技术要点，“有时候，自我为了完成它的服务，付出了过高的代价”（Freud，1937：237）。

艾尔莎：在多拉的分析中，弗洛伊德说我们首先关注自己的潜意识，然后关注自我，而在其他情况下，我们处理阻抗。他逐渐将整个模型重新概念化，这与他所创造的辩证发展的精神分析没什么两样。

布鲁诺：很明显，看来防御并不否定自我或被压抑之物，而是改变了自我本身的结构。这一点对我来说似乎很重要。

可可：“我不了解来回摆动这个事情”（Freud，1937：238）……

阿依达：我想他说的是，在同一个病人的同一次治疗中，你从阻抗被压抑之物，从被压抑之物到阻抗，或者，如果你愿意的话，到表面上呈现的防御机制，这里面有着潮起潮落。

高友：一开始的主角是本我和婴儿性欲。然而，在 1937 年，我们发现了自我和本我之间的相互作用，因此出现了来回摆动。那超我呢？

阿图罗：在我看来，这和弗洛伊德在《自我与本我》中所描述的是一样的。我不认为它有很大的变化。超我更多地陷入本我中。

布鲁诺：我可不可以说“匮乏”并不意味着“已改变”，在 1937 年，弗洛伊德谈到了改变。我认为他在暗示别的东西，也就是他在《神经症和精神病》（*Neurosis and Psychosis*）以及《自我防御过程中的分裂》（*Splitting of the Ego in the Process of Defence*）中描述的那种改变。我很确定，到 1937 年，他开始更多地思考自我的实际结构。

阿图罗：我仍然认为这一点在《癔症的心理治疗》一文中得到了更好的解释。

戴维：我们不是在处理死板的模型，我相信他有时使用相同的词并不意味着它们的意思是一样的。毕竟，在不同层次的模型中，同样的话语形成了更复杂、更动态的模型结构的一部分，并获得了不同的意义。

高友：我以前认为这是一个让潜意识意识化的事情，但现在不这样认为了。弗洛伊德说的是，仅仅意识到冲突并不足以解决它，因为新的东西出现了，“自我中有了新的阻抗”——在揭露阻抗时所遇到的阻抗。

阿图罗：这也与《抑制、症状与焦虑》有关，其中他提到了五种阻抗。其中超我阻抗与无意识的负罪感有关，与负性治疗反应有关，本文中也提到负性治疗反应，认为它是治愈的障碍。

戴维：第五种阻抗，即本我阻抗，是一个理论上的抽象概念，但是在临床实践中可以观察到，例如，在病人和治疗师之间反复出现一个封闭的交流回路（一些学者称之为熵）。

终止、扭曲、相对论

琼·保罗：治疗分析终止时观察到的效果与在培训分析中观察到的不同吗？

阿依达：费伦奇和他对弗洛伊德的谴责是怎么回事？是关于什么的？诊断失败？过早终止，因为分析持续的时间很短？这是一个关于分析终止的未解决的典型问题，还是一种负性治疗反应？当费伦奇照顾、爱抚和亲吻他的病人时，他似乎感到非常困惑。

戴维：当时，费伦奇严重混淆了他自己和弗洛伊德、自己和病人，以及他自己的成人需要和婴儿需要。他混淆了爱与恨，自己是谁，别人又是谁。它更像是婴儿和母亲的融合，或者像是陷入爱河。一位诗人说得更好："我的一半是你的，另一半是我自己的。"我会说："可既然是我的，那也是你的，所以我整个都是你的。"

弗洛伊德对费伦齐的分析可能是语义扭曲的一个例子。在这个例子中，分析师认为让病人离开的决定是合理的。然而，病人可能会扭曲它，将其体验为他的治疗师在拒绝他或不再爱他。

高友：语义扭曲是指治疗意义上的扭曲。

阿依达：换句话说，治疗师所认为的终止，可能会被病人重新解读（尽管是在更幼稚、原始、隐藏的层面上）成一种完全不同的意义。

戴维：当我们谈到弗洛伊德使用的含糊不清的术语"自然终止"（natural end）时，我们可能会这样想。我们想知道，病人的哪个部分是"自然的"？对于成人部分来说，它可能代表着与婴儿部分或未分化的共生部分的含义截然不同的东西。活在原始的未分化水平部分、活在混乱和共生水平上的心理部分，无法理解自然终止的概念。他们觉得这不可理解，在某些情况下甚至会妄想把自然终止看成是对他们婴儿需要的攻击。

可可：这就是费伦奇和弗洛伊德在治疗结束时的情况。

戴维：对于治疗师来说是可以终止了，但对病人来说却未必如此，他们心理的某些部分仍然想要满足那些婴儿般的需要或者将这些需要付诸行动，还从未得到解决。

艾尔莎：狼人的终止不是一样的吗？

杰勒德：他可能觉得被弗洛伊德照顾得很好，多亏了他收集的资金帮了他，我们可以从这个新的角度来看，狼人隐藏了他收回的遗产和家族珠宝。这并不是说他不诚实、撒谎或隐瞒事实。这些都跟伦理相关，却不是精神分析性的观点。用精神分析性角度来说，他的行为表达了他希望在一种共生关系中继续被照顾的愿望，或者婴儿想得到母亲比正常情况下更长时间照顾的愿望。

戴维：你说的可能是对的。对狼人的临床诊断还有另一种可能性。但最使我感兴趣的是持怀疑态度，而不是那些一成不变的事情。我们应该意识到，在严重紊乱病人中，有一些区域涉及的客体关系是高度退行的、模糊的和封闭的。这些领域对我们来说在很大程度上仍然是未知的。学习的最好方法是开始意识到我们还不知道的东西。

琼·保罗：我们可以创建一个模型来表示我们还不知道的东西。我们可以想象，未知就在一堵墙后面，是不可见的。然后我们可以用其他的假设来解释这些障碍。

高友：每个模型都是个人的创造，但许多人混淆了模型与绝对的、完全的、不变的真理。模型是包含在更高级别假设背景下的，为形成理论而服务的。

阿图罗：所以，当弗洛伊德谈到生物学不可改变的基础时，这是一个模型吗？

戴维：严格地说，这是一个比喻。但如果我们把它理解为一个心理学模型，并像弗洛伊德一样，从心理学的角度来使用它，无论是阴茎嫉羡还是男性抗议，这对我来说很有用，因为它把这个问题放到了心理层面，这在我精神分析工作所限定的区域内。

学习

阿依达：如果我有一个固定结构的坚实的理论来告诉我应该做什么，我会感觉更舒服。

杰勒德：如果我能容忍还有我不知道的事情这一点，我会对病人更谦逊，也会更有学习的欲望。

高友：第三种方案就是修改自己的理论，但关键是要能耐受变化；否则，当我们想要改变理论的时候就会处在伽利略反对者的位置上。他们的反应是，他们看不出有用望远镜观察的必要，因为宇宙和天体的结构已经被大师亚里士多德完全解释清楚了。

戴维：当前你们三个人各自代表了学习的辩证运动的典范，即一个努力追求有秩序、更稳定、更严格的理论，一个能够在未知的情况下保持怀疑或谦逊，一个能够寻求新方法、新理论。你们在表述不同的学习阶段，我们都经历过这些阶段。

正如萨特（Sartre）对自由的描述：自由是一个过程，是一种持续的斗争，是一个人努力实现的目标。说一个人已经自由了，完全自由了，就像说在精神分析实践中，一个人已经知道了一切，没有更多的东西需要学习一样草率。

琼·保罗：回到理论的问题上来，我认为理论是一回事，而它在精神分析中的临床应用是另一回事。

艾尔莎：一种理论所提供的解释其适用范围可能是非常广泛也是有用的，但是一种理论可能无法解释所有病人。

戴维：用一种单一的理论解释所有的病人是不可能的，但某些特定理论可能适用于解释更多的病人。

可可：所以，在实践中，将单一的理论同等地运用到所有病人身上可不太容易。

戴维：应该说，这里存在一种普遍的精神分析理论，它为提出新的、其他的假设提供了基础。但是，针对特定临床病例形成的附加假设，必然不是适用于所有临床病例的一般假设。

可可：不是那么容易……

威廉："倘若行动和知道什么该行动一样容易，那么小教堂便成了大礼堂，穷人茅舍便成了王侯宫殿……"

参考文献

Bateson, G., and Jackson, D. 1964. In *Disorders of communication*, 270–

83. Research Publications. Association for Research in Nervous and Mental Disease.
Blum, H. 1987. Analysis terminable and interminable: A half-century retrospective. *Int. J. Psycho-Anal.*, vol. 78, no. 1.
Freud, A. 1936. *The ego and the mechanisms of defence*. New York: International Universities Press.
Freud, S. 1895. The psychotherapy of hysteria. In *Studies on hysteria*. *S.E.* 2.
———. 1895. *Studies on hysteria*. *S.E.* 2
———. 1905. Fragment of an analysis of a case of hysteria. *S.E.* 7.
———. 1909. Notes upon a case of obsessional neurosis. *S.E.* 10.
———. 1911. Psycho-analytic notes on an autobiographical account of a case of paranoia. *S.E.* 12.
———. 1914. On narcissism. *S.E.* 14.
———. 1915. Instincts and their vicissitudes. *S.E.* 14.
———. 1918. From the history of an infantile neurosis. *S.E.* 17.
———. 1920. *Beyond the pleasure principle*. *S.E.* 18.
———. 1923. *The ego and the id*. *S.E.* 19.
———. 1924. Neurosis and psychosis. *S.E.* 19.
———. 1926. *Inhibition, symptoms and anxiety*. *S.E.* 20.
———. 1937. Analysis terminable and interminable. *S.E.* 23.
———. 1940. Splitting of the ego in the process of defence. *S.E.* 23.
Freud, S., and Bullitt, W. C. 1967. *Thomas Woodrow Wilson: A psychological study*. London: Weidenfeld and Nicolson.
Hartmann, H. 1964. *Essays on ego psychology*. London: Hogarth Press.
Jones, E. 1962. *Sigmund Freud: Life and work*. London: Hogarth Press.
Klein, M. 1975. *Envy and gratitude, and other works*. London: Hogarth Press.
Lagache, D. 1961. La psychanalyse et la structure de la personalité. In *La psychanalyse* 6.
Liberman, D. 1983. *Lingüistica, interacción comunicativa y proceso psicoanalytíco*. Buenos Aires: Galerna-Nueva Visión.
Popper, K. 1965. *Conjectures and refutations: The growth of scientific knowledge*. New York: Basic Books.
Rosenfeld, D. (1986). Identification and its vicissitudes in relation to the Nazi phenomenon. *Int. J. Psycho-Anal.* 67:53–64.
———. (1988). *Psychoanalysis and groups: History and dialectic*. London: Karnac Books.
———. 1989. Handling of resistances in adult patients. *Int. J. Psycho-Anal.* 61:71–83.
———. (1990). *Master clinicians on treating the regressed patient: Psychotic body image*. Edited by L. Bryce Boyer and Peter Giovacchini. Northvale, N.J.: Jason Aronson.
Rosenfeld, H. 1987. *Impasse and interpretation*. London: Tavistock.
Sartre, Jean-Paul. 1960. *Critique de la raison dialectique*. Paris: Gallimard.
Searles, H. 1979. *Countertransference and related subjects*. New York: International

Universities Press.
Shakespeare, William. *The complete works*. Annotated. The Globe Illustrated Shakespeare Greenwich House. New York: Crown, 1979.
Watzlawick, P.; Veavin, J.; and Jackson. 1967. *Pragmatics of human communication*. New York: W. W. Norton.

专业名词英中文对照表

agencies	动源
castration complex	阉割情结
complex	情结
drive	驱力
envy for the penis	阴茎嫉羡
Eros	爱/爱欲
force	力量
instinct	本能
instinct tamping	驯服本能
introject	内摄
masculine protest	男性抗议
mechanisms of defence	防御机制
Metapsychology	元心理学
negative transference	负性移情
negative transference reaction	负性移情反应
oral phase	口欲期
phallic-genital phase	阴茎-生殖器期
pleasure principle	快乐原则
positive transference	正性移情
primal fixation	原初固着
primal repression	原初压抑
primary processes	初级过程
quantitative factor	定量因素
repudiation of femininity	对女性气质的否定
residual phenomena	残留现象
resistance	阻抗
sadistic-anal phase	施虐狂-肛门期
secondary processes	次级过程
Signifier	能指
stickiness of the libido	力比多黏滞性
Thanatos	死欲
termination	终止
unconscious	潜意识